Stable Diffusion
AI绘画 全面贯通

生成参数＋提示词库＋模型训练＋插件扩展

周玉姣◎编著

清华大学出版社
北 京

内 容 简 介

本书包含9个专题内容、90多个知识点，内容涵盖Stable Diffusion的技术原理、安装部署、生成参数、提示词库、语法格式、后期处理、模型训练、扩展插件、综合案例等，以帮助读者一步步全面精通Stable Diffusion的AI绘画核心技术。

书中还囊括了80多个典型案例、110多分钟视频，并配有二维码，可以使用手机随扫随看，同时还随书赠送了70多组AI绘画提示词、150多个素材效果文件等资源，让你轻松学会人像、风光、建筑、家居、二次元、游戏、插画、动漫、产品、海报、包装等AI效果制作。

本书内容讲解精辟，实例风趣多样，图片精美丰富。适合以下人员阅读：一是AI绘画爱好者、AI画师、AI绘画训练师；二是游戏角色原画师、新媒体运营人员、插画师、设计师、电商美工人员、影视制作人员；三是相关培训机构、职业院校的学生。

图书在版编目(CIP)数据

Stable Diffusion AI绘画全面贯通：生成参数+提示词库+
模型训练+插件扩展 / 周玉姣编著. -- 北京：清华大学出版社，
2024. 12. -- ISBN 978-7-302-67812-0
　Ⅰ. TP391.413
中国国家版本馆CIP数据核字第2024T4D780号

责任编辑：韩宜波
封面设计：杨玉兰
责任校对：桑任松
责任印制：沈　露
出版发行：清华大学出版社
　　　　　网　　　址：https://www.tup.com.cn，https://www.wqxuetang.com
　　　　　地　　　址：北京清华大学学研大厦A座　　　　　邮　　编：100084
　　　　　社 总 机：010-83470000　　　　　　　　　　邮　　购：010-62786544
　　　　　投稿与读者服务：010-62776969，c-service@tup.tsinghua.edu.cn
　　　　　质量反馈：010-62772015，zhiliang@tup.tsinghua.edu.cn
印 装 者：三河市龙大印装有限公司
经　　销：全国新华书店
开　　本：190mm×260mm　　　印　　张：14.5　　　字　　数：348千字
版　　次：2024年12月第1版　　　印　　次：2024年12月第1次印刷
定　　价：99.00 元

产品编号：105007-01

前 言
PREFACE

★ 写作驱动

　　本书是初学者全面自学 Stable Diffusion AI 绘画的经典教程，本书从实用角度出发，对 Stable Diffusion 进行了详细讲解，帮助读者全面精通 AI 绘画。通过学习本书，可掌握一门实用的技术，提升自身的能力。本书在介绍软件功能的同时，还精心安排了 80 多个具有针对性的实例，帮助读者轻松掌握软件使用技巧和具体应用场景，以做到学用结合。同时，本书的全部实例都配有教学视频，详细演示了案例制作过程。

★ 本书特色

　　1. 4 个 AI 绘画综合案例。本书精选了 4 个 Stable Diffusion AI 绘画的经典案例，简单易学，适合学有余力的读者深入钻研，读者只要熟练掌握基本操作，开拓思维，就可以在现有的实例基础上取得一定的成果。

　　2. 70 多组 AI 提示词奉送。为了方便读者快速生成相关的 AI 画作，特将本书实例中用到的提示词进行了整理，一并奉送给大家。通过直接使用这些提示词，可以快速生成与书中效果相似的 AI 画作。

　　3. 80 多个技能实例介绍。本书从"生成参数＋提示词库＋模型训练＋插件扩展"等多个方面，全面介绍了 Stable Diffusion 技术的应用和实践方法，共计 80 多个实操案例，可让读者更加深入地了解 Stable Diffusion 的应用技巧和绘图方法。

　　4. 80 多个专家提醒奉送。作者在撰写本书时，将平时工作中总结的各方面软件的实战技巧和经验等毫无保留地奉献给读者，不仅极大丰富和提高了本书的含金量，更方便读者提升软件的熟练度，从而大大提高读者的学习与工作效率。

　　5. 110 多分钟的视频演示。本书中的软件操作技能实例，全部录制了带语音讲解的视频，时间长达 110 多分钟，重现书中的所有实例操作，读者可以结合书本，也可以独立观看视频演示，像看电影一样进行学习，让学习更加轻松。

　　6. 150 多个素材效果奉送。随书附送的资源中包含了近 40 个素材文件、110 多个效果文件，其中的素材涉及人像绘画、艺术绘画、游戏设计和电商广告等多个方面，供读者使用，帮助读者快速提升 AI 绘画的操作水平。

　　7. 490 多张图片全程图解。本书采用了大量的插图和实例，图文并茂、生动有趣，让读者更加直观地了解 Stable Diffusion 的应用效果和操作过程。同时，通过趣味性的案例和实战演练，激发读者对 Stable Diffusion AI 绘画技术的兴趣和热情。

★ 特别提醒

1. 版本更新。本书在编写时，是基于当时的 Stable Diffusion 页面截取的实际操作图片，但图书从编辑到出版需要一定时间，Stable Diffusion 的功能和页面可能会有所变动，在阅读时，需要根据书中的思路举一反三进行学习。注意，本书使用的 Stable Diffusion 版本为 1.6.1。

2. 模型和插件的使用。在 Stable Diffusion 中进行 AI 绘画时，模型和插件的重要性远大于提示词，用户需要使用对应的大模型、VAE 模型、Lora 模型和相关插件，才能绘制出正确的图像效果。具体的图片生成参数信息，用户可以参照本书 2.1.9 小节介绍的方法进行查看。

3. 提示词的使用。提示词也称为关键词或"咒语"，Stable Diffusion 支持中文和英文提示词，但建议读者尽量使用英文提示词，可使出图效果更加精准。同时，Stable Diffusion 对于提示词的语法格式有严格的要求，具体内容书中均有介绍，此处不再赘述。最后再提醒一点，即使是相同的提示词，在不同的生成参数设置下，Stable Diffusion 每次生成的图像效果也会有些许差别。

总之，在使用本书进行学习时，读者需要注意实践操作的重要性，只有通过实际操作，才能更好地掌握 Stable Diffusion 的应用技巧。在使用 Stable Diffusion 进行创作时，需要注意版权问题，应当尊重他人的知识产权。另外，读者还需要注意安全问题，应当遵循相关法律法规和安全规范，确保作品的安全性和合法性。

提示词、视频、素材及效果

★ 版权声明

★ 本书作者

本书由周玉姣编著，其他参与编写的人员还有苏高、胡杨等，在此一并表示感谢。由于作者知识水平有限，书中难免有疏漏之处，恳请广大读者批评、指正。

编　者

目 录
CONTENTS

第 1 章

从零入门：认识与安装 Stable Diffusion

章 前 知 识 导 读

Stable Diffusion 是一款热门的 AI 图像生成工具，但对于初学者来说，掌握 Stable Diffusion 却是一项具有挑战性的任务。本章将分享一些入门技巧，帮助大家快速认识并安装 Stable Diffusion。

新 手 重 点 索 引

- 入门基础：认识与使用 Stable Diffusion
- 快速安装：配置与部署 Stable Diffusion

效 果 图 片 欣 赏

1.1　入门基础：认识与使用 Stable Diffusion

Stable Diffusion（必要时可缩写为 SD）不仅在代码、数据和模型方面实现了全面开源，而且其参数量适中，使大部分人可以在普通显卡上进行绘画甚至精细调整模型。

毫不夸张地说，Stable Diffusion 的开源对 AIGC（Artificial Intelligence Generated Content，生成式人工智能）的繁荣和发展起到了巨大的推动作用，因为它让更多的人能够轻松上手进行 AI（Artificial Intelligence，人工智能）绘画。本节将深入讲解 Stable Diffusion 的概念以及原理，帮助大家初步认识 Stable Diffusion。

1.1.1　概念：什么是 Stable Diffusion

Stable Diffusion 是一种利用神经网络生成高质量图像的模型（或工具软件），基于扩散过程，能够在保持图像特征的同时增强图像的细节。该模型由 3 个主要部分组成，包括 VAE（Variational Auto-Encoders，变分自编码器）、U-Net 和 CLIP（Contrastive Language-Image Pre-training，对比语言 图像预训练的文本编码器）。详细介绍如下。

（1）VAE。VAE 是一种神经网络结构，主要用于生成模型，通过学习数据的潜在空间表示来生成新的数据。在 Stable Diffusion 中，VAE 被用作基于概率生成模型的编码器和解码器。VAE 通过将输入数据映射到潜在空间中进行编码，然后将编码的向量与潜在变量的高斯分布进行重参数化，这样可以直接从潜在空间中进行采样。

（2）U-Net。U-Net 是一种基于卷积神经网络的图像分割模型，具有特殊的 U 形结构，使输入图像的分辨率逐渐减小，而输出图像的分辨率逐渐增加。在 Stable Diffusion 中，U-Net 能够对图像进行部分特征提取，并在解码过程中对生成的图像进行重构，以获得高质量的生成结果。

（3）CLIP。CLIP 是一种神经网络算法，用于实现"文本 图像"的匹配，可以将输入的文本和图像进行语义相关性匹配，从而实现对图像内容的理解。在 Stable Diffusion 中，CLIP 不仅用于评估生成的图像，还可以指导数据的采样方式，以提高生成图像的多样性和相关性。

具体来说，Stable Diffusion 在训练模型时会将原始图像通过不断的随机扩散和反向扩散进行变形处理，将图像的细节信息逐渐压缩到低频区域。这样，Stable Diffusion 不仅能够提取图像的潜在空间表示，而且能够将图像的噪声和细节等信息分离出来。图 1-1 所示为前向扩散过程，能够将图像转换到低维潜在空间。

图 1-1　前向扩散过程

逆概率沿扩散（Inverse Probability Flow Along Diffusion，IPFAD）是用于 Stable Diffusion 模型的逆模型。这个模型是一个自回归模型，可以根据当前帧的噪声和之前帧生成的图像预测下一帧的噪声。通过逆概率沿扩散，Stable Diffusion 可以生成高质量的图像，如图 1-2 所示。

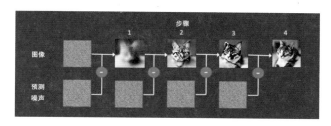

图 1-2　逆概率沿扩散通过逐步减去图像中的预测噪声生成图像

▶ **专家指点**

　　在 Stable Diffusion 中，Predicted noise 指的是通过噪声预测器（noise predictor）预测出来的噪声。这个过程发生在去噪步骤之前，首先在潜在空间中生成一张完全随机的图片，然后噪声预测器会估计图片的噪声，并将预测的噪声从图片中减去。

　　这个过程会重复多次，最后得到一张干净的图片。这个去噪过程也称为采样，因为 Stable Diffusion 在每一步中都会生成一张新的样本图片。采样器决定了如何进行随机采样，不同的采样器会对图像生成结果产生影响。

1.1.2　原理：Stable Diffusion 的 AI 绘画本质

　　在 Stable Diffusion 中，有两种绘图模式，即通过文本生成图像（即文生图）和通过图像生成图像（即图生图）。Stable Diffusion 中的文生图是指通过输入文本描述（即提示词），利用扩散过程生成与之相关的图像。这种技术基于扩散模型，将文本编码器的输出与噪声相结合，然后通过解码器生成图像。

　　图 1-3 所示为 Stable Diffusion 文生图的推理流程。首先，使用文本作为输入信息，通过文本编码器（Text encoder）提取文本嵌入，即编码文本（Encoded text）；同时，通过随机数生成器（Random Number Generator，RNG）初始化一个随机噪声，即图中的 64×64 初始噪声碎片（潜在空间上的噪声，512×512 图像对应的噪声维度为 64×64）。然后，将文本嵌入和随机噪声送入扩散模型（Diffusion model）U-Net 中，生成去噪后的潜在空间。最后，将生成的潜在空间送入自编码器的解码器模块（Decoder），得到生成的图像。

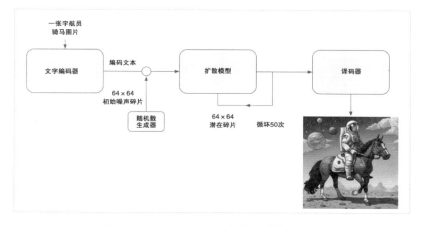

图 1-3　Stable Diffusion 文生图的推理流程

> **专家指点**
>
> 　　64×64 潜在碎片指的是潜在空间中的一个 64×64 像素的区域，它被用作 U-Net 结构的输入。潜在空间指的是在去噪步骤之前，从完全随机的图片中通过噪声预测器预测出来的潜在图片。这个潜在图片可以看作输入文本描述在潜在空间中的一种表示，而 64×64 潜在碎片则是从这个潜在图片中提取出来的一个区域。
> 　　循环 50 次指的是在生成图像的过程中，使用 U-Net 结构进行 50 轮的扩散过程。通过多轮的扩散过程，可以使图像更加平滑、细节更加丰富。

　　Stable Diffusion 的整体操作流程非常简单，共分为 4 个步骤，即选择模型、输入提示词（或上传原图）、设置生成参数和单击"生成"按钮。最终的图像效果是由模型、提示词（或原图）和生成参数三者共同决定的。其中，模型主要决定图像的画风，提示词（或原图）主要决定画面内容，而生成参数则主要用于设置图像的预设属性。通过这个流程，可以轻松地使用 Stable Diffusion 生成符合我们要求的各种图像。

1.1.3　试用：通过 Stable Diffusion 官网绘图

扫码看视频

　　Stable Diffusion 官网是一个非常直观且功能丰富的网站，主要提供了基于 Stable Diffusion 技术的服务和产品，同时还提供了在线 Stable Diffusion 绘图功能，大家可以试用和体验 Stable Diffusion 的绘图效果，如图 1-4 所示。

图 1-4　绘图效果展示

> **专家指点**
>
> 　　与另一个主流的 AI 绘画工具 Midjourney 相比，Stable Diffusion 的优点如下。
> 　　（1）免费开源。Midjourney 需要登录 Discard 平台上进行使用，并且需要付费；Stable Diffusion 则有大量的免费安装包，用户无需付费即可下载并一键安装，而且将其安装到本地后，生成的图片只有用户自己可以看到，保密性更高。
> 　　（2）拥有强大的开源模型和插件。由于其开源属性，Stable Diffusion 拥有大量免费的高质量外接预训练模型和扩展插件。例如，提取物体轮廓、人体姿势骨架、图像深度信息的 ControlNet 插件，可以让用户在绘画过程中精确控制人物的动作姿势、手势和画面构图等细节。此外，Stable Diffusion 还具备 Inpainting（图像修复）和 Outpainting（输出绘画）功能，可以智能地对图像进行局部修改和扩展，而某些功能是目前的 Midjourney 无法实现的。

下面介绍通过 Stable Diffusion 官网绘图的操作步骤。

STEP 01 进入 Stable Diffusion 官网，在页面下方的 Prompt（提示词）输入框中输入相应提示词，如图 1-5 所示。

STEP 02 单击 Generate（生成）按钮，即可快速生成相应的图像，效果如图 1-6 所示。

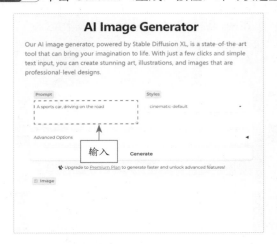

图 1-5　输入提示词　　　　　　　　　　图 1-6　生成相应图像效果

▶ 1.2 ◀ 快速安装：配置与部署 Stable Diffusion

Stable Diffusion 是一个开源的深度学习生成模型，能够根据任意文本描述生成高质量、高分辨率、高逼真度的图像效果。为了帮助大家快速入门并充分利用这个功能强大的 AI 绘画工具，本节将详细介绍 Stable Diffusion 的配置要求、安装方法和使用技巧。

1.2.1　前提：Stable Diffusion 的配置要求

Stable Diffusion 是最受欢迎的 AI 绘画工具之一，它快速、直观，并能够生成令人印象深刻的图像效果。如果用户有兴趣尝试使用 Stable Diffusion，则需要检查自己的计算机配置是否符合要求，因为它对计算机配置的要求较高。

不同的 Stable Diffusion 分支和迭代版本可能会有不同的要求，因此需要检查每个版本的具体规格。Stable Diffusion 的基本配置要求如下。

（1）操作系统：Windows、MacOS。

（2）显卡：不低于 6GB 显存的 N 卡（指 NVIDIA 系列的显卡）。

（3）内存：不低于 16GB 的 DDR4 或 DDR5 内存。DDR（Double Data Rate）是指双倍速率同步动态随机存储器。

（4）安装空间：不低于 12GB 或更大，最好是 SSD（Solid State Disk 或 Solid State Drive，固态硬盘）。

这是 Stable Diffusion 的最低配置要求，如果用户想要获得更好的出图结果和更高分辨率的图像，则需要更高配置的硬件，如具有 10GB 显存的 NVIDIA RTX 3080 或者更新的 RTX 4080 和 RTX 4090，它们分别有 16GB 和 24GB 的显存。图 1-7 所示为 2023 年 11 月生成的桌面（台式机）显卡性能天梯图，越往上的显卡性能越好，当然价格也越贵。

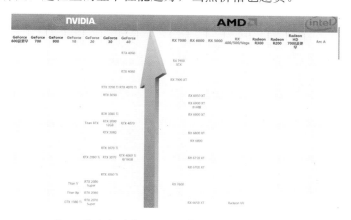

图 1-7　2023 年 11 月生成的桌面（台式机）显卡性能天梯图（部分显卡）

虽然 Stable Diffusion 的官方版本并不支持 AMD（Advanced Micro Devices，超威半导体公司）和 Intel（英特尔公司）的显卡，但是已经有一些支持这些显卡的分支版本，不过安装过程比较复杂。当然，如果用户没有高性能的 GPU（Graphics Processing Unit，图形处理器），也可以使用一些网页版的 Stable Diffusion，该版本没有任何硬件要求。

> ▶ 专家指点
>
> 　　要想流畅运行 Stable Diffusion，推荐的计算机配置如下。
> 　　（1）操作系统：Windows 10 或 Windows 11。
> 　　（2）处理器：多核心的 64 位处理器，如 13 代以上的 Intel i5 系列或 Intel i7 系列，以及 AMD Ryzen 5 系列或 Ryzen 7 系列。
> 　　（3）内存：32GB 或以上。
> 　　（4）显卡：NVIDIA GeForce RTX 4060TI（16GB 显存版本）、RTX 4070、RTX 4070TI、RTX 4080 或 RTX 4090。
> 　　（5）安装空间：大品牌的 SSD 硬盘，500GB 以上的可用空间。
> 　　（6）电源：为了保证显卡能够稳定运行，建议选择额定功率为 750W 或以上的大品牌电源。
> 　　此外，如果使用笔记本电脑运行 Stable Diffusion，需要注意散热问题，因为在 Stable Diffusion 运行过程中 GPU 可能会满载运行，温度会非常高。

1.2.2　本地：在计算机上安装 Stable Diffusion

随着人工智能技术的不断发展，许多人工智能绘画软件应运而生，使绘画过程更加高效、有趣。Stable Diffusion 是其中备受欢迎的一款，它使用有监督深度学习算法来完成图像生成任务。下面以 Windows 10 操作系统为例，介绍 Stable Diffusion 的安装流程。

1. 下载 Stable Diffusion 程序包

首先需要从 Stable Diffusion 的官方网站或其他可信的来源下载该软件的程序包，文件名通常为 Stable Diffusion 或者 sd-xxx.zip/tar.gz，xxx 表示版本号等信息。下载完成后，将压缩文件解压到想要安装的目录下，如图 1-8 所示。

图 1-8　解压 Stable Diffusion 的安装文件

2．安装 Python 环境

由于 Stable Diffusion 是使用 Python 语言开发的，因此用户需要在本地安装 Python 环境。用户可以从 Python 的官方网站上下载 Python 解释器，如图 1-9 所示，并按照提示进行安装。（注意，Stable Diffusion 要求使用 Python 3.6 以上的版本。）

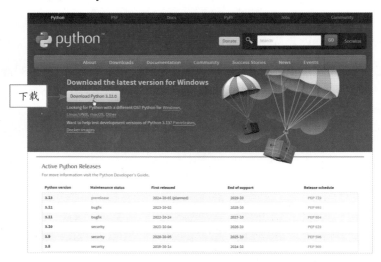

图 1-9　从 Python 的官方网站上下载 Python 解释器

3．安装依赖项

依赖项指的是为了使 Stable Diffusion 能够正常运行，需要安装和配置的其他相关的软件库或组件，这些依赖项可以是编程语言、框架、库文件或其他软件包。在安装 Stable Diffusion 之前，用户需要确保下列依赖项已经正确安装。

（1）PyTorch。PyTorch 是一个开源的 Python 机器学习库，它提供了易于使用的张量（tensor）和自动微分（automatic differentiation）等技术，使它特别适合于深度学习和大规模的机器学习。

（2）numpy。numpy 是 Python 的一个数值计算扩展，它提供了快速、节省内存的数组（称为 ndarray），以及用于数学和科学编程的常用函数。

（3）pillow。pillow 是 Python 的一个图像处理库，可以用来打开、操作和保存不同格式的图像文件。

（4）scipy。scipy 是一个用于 Python 的数学、科学和工程库，它提供了许多数学、统计、科学和工程方面的工具。

（5）tqdm。tqdm 是一个快速、可扩展的 Python 进度条库，它可以在长循环中添加一个进度提示，让用户知道程序的运行进度。

在安装这些依赖项之前，用户需要确保计算机中已经安装了 Python，并且可以通过命令行执行 Python 命令。用户可以使用 pip（Python 的包管理器）来安装这些依赖项，具体安装命令为：pip install torch numpy pillow scipy tqdm。

当然，用户也可以使用由 B 站大咖秋叶 aaaki 分享的"秋叶整合包"，一键实现 Stable Diffusion 的本地部署，只需运行"启动器运行依赖 -dotnet-6.0.11.exe"安装程序，然后单击"安装"按钮即可，如图 1-10 所示。执行操作后，等待出现"控制台"窗口，不必在意"控制台"窗口中的内容，保持其处于打开状态即可。稍待片刻，将会出现一个浏览器窗口，表示 Stable Diffusion 的基本软件已经安装完毕。

图 1-10　单击"安装"按钮

▶ 专家指点

在安装 Stable Diffusion 的过程中，用户还要注意以下事项。

（1）由于 Stable Diffusion 是一个复杂的模型库，因此安装和运行时可能需要较高的系统资源，如内存、显存和存储空间等，用户需要确保计算机硬件配置满足要求。

（2）关闭其他可能影响 Stable Diffusion 安装的程序或进程。

（3）理论上来说，4GB 显存的 N 卡甚至仅用 CPU（Central Processing Unit，中央处理器）都可以安装和运行 Stable Diffusion，但出图速度极慢，不推荐。

（4）Stable Diffusion 的安装目录尽可能不要放在 C 盘，同时安装位置所在的磁盘要留出足够的空间，建议至少 100GB。

1.2.3 云端：在云平台上部署 Stable Diffusion

随着云计算技术的发展，将 Stable Diffusion 部署到云端成为了可能，使更多的人能够享受到 AI 绘画工具带来的便利。用户可以在飞桨、阿里云、腾讯云、Colab 云等常用的云平台上部署 Stable Diffusion，这样只需在云端输入自己的文本描述，即可得到 AI 生成的图像。

> ▶ 专家指点
>
> 飞桨（PaddlePaddle）是一个集深度学习核心训练、推理框架、基础模型库、端到端开发套件以及大量的工具组件于一体，由百度研发的产业级深度学习平台，具有自主研发、功能丰富、开源开放的特点。在飞桨上租用 Stable Diffusion 的运行环境时，需要计算能力的支持。其中，GPU（Graphics Processing Unit）最好的 V100 四卡需要 8 点算力 / 小时，建议正常部署和运行 Stable Diffusion 时可以考虑使用 1 点算力 / 小时或 4 点算力 / 小时。
>
> V100 显卡是 NVIDIA 推出的一款高端专业显卡，被广泛应用于人工智能、深度学习、虚拟现实等领域。V100 四卡是指在一台计算机上安装了 4 块 V100 显卡，每块显卡拥有 32GB HBM2（High-Bandwidth Memory 2，第二代高速缓存内存）内存和 5120 颗 CUDA（Compute Unified Device Architecture，统一计算设备架构）核心，能够提供强大的 GPU 计算能力，适用于 Stable Diffusion 等大规模的深度学习训练和推理任务。

例如，Colab 是谷歌推出的一款在线工作平台，可以让用户在浏览器中编写和执行 Python 脚本，最重要的是，它提供了免费的 GPU 来加速深度学习模型的训练。用户可以先启动 Colab Notebook 文件，进入 Colab 页面，再执行"代码执行程序"|"更改运行时类型"命令，如图 1-11 所示。

图 1-11　执行"更改运行时类型"命令

执行以上操作后，弹出"更改运行时类型"对话框，确保"硬件加速器"为 GPU，单击"保存"按钮即可，如图 1-12 所示。

图 1-12　单击"保存"按钮

接下来按图 1-13 所示的序号单击"运行"按钮 ▶ 依次运行相应代码，每项代码执行完成后会显示"Done（结束）"信息，然后继续执行下一项代码。

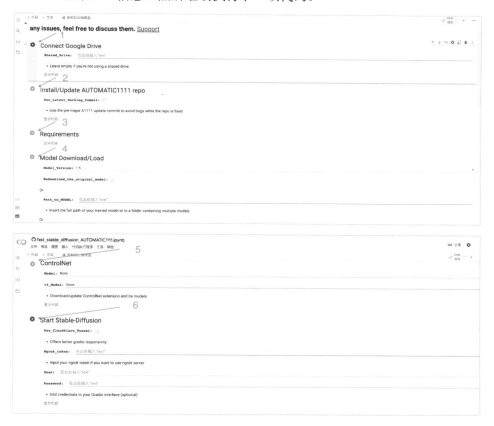

图 1-13　依次运行相应代码

全部代码正常执行完成后，在 Start Stable-Diffusion 下方会出现访问 WebUI 的链接，如图 1-14 所示。单击该链接，即可成功启动 Stable Diffusion。

图 1-14　出现访问 WebUI 的链接

1.2.4　运行：快速一键启动 Stable Diffusion

　　运行 Stable Diffusion 的方式取决于用户使用的具体软件版本和安装方式。下面以"秋叶整合包"为例，介绍一键启动 Stable Diffusion 的操作方法。

扫码看视频

STEP 01　打开 Stable Diffusion 安装文件所在目录，进入 sd-webui-aki-v4 文件夹，找到并双击"A 启动器 .exe"图标，如图 1-15 所示。

图 1-15　双击"A 启动器 .exe"图标

> ● 专家指点
>
> 　　如果用户安装的是原版 Stable Diffusion，可以在系统中按 Win ＋ R 组合键，执行 cmd 命令，或者在"开始"菜单的"Windows 系统"列表框中选择"命令提示符"选项，即可打开"命令提示符"窗口。在命令行中进入 Stable Diffusion 程序包的目录，执行以下命令：python run_diffusion.py --config_file=config.yaml，也可运行程序。

STEP 02 执行上一步操作后，即可打开"绘世"启动器程序，在主界面中单击"一键启动"按钮，如图 1-16 所示。

图 1-16　单击"一键启动"按钮

STEP 03 执行上一步操作后，即可打开"控制台"窗口，让它运行一会儿，耐心等待命令执行完成，如图 1-17 所示。

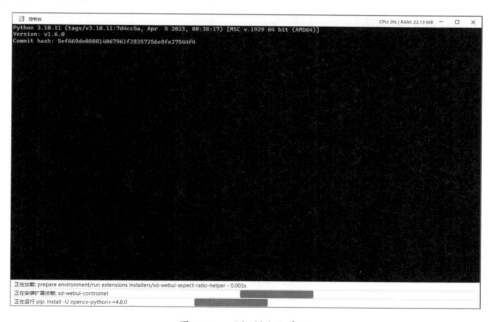

图 1-17　"控制台"窗口

STEP 04 稍等片刻，即可在浏览器中自动打开 Stable Diffusion 的 WebUI 页面，如图 1-18 所示。另外，用户也可以在"控制台"窗口中找到 Stable Diffusion 的运行链接，即 URL（Uniform Resource Locator，统一资源定位系统）后面的 IP（Internet Protocol，互联网协议）地址，将其复制到浏览器窗口中打开即可。

图 1-18　打开 Stable Diffusion 的 WebUI 页面

1.2.5　页面：看懂 Stable Diffusion 的 WebUI

简单来说，Stable Diffusion 的 WebUI 页面就像一间装满了先进绘画工具的工作室，用户可以在这里尽情发挥自己的创作灵感，创造出一件件令人惊艳的艺术作品。图 1-19 所示为 Stable Diffusion 的 WebUI 页面基本布局。

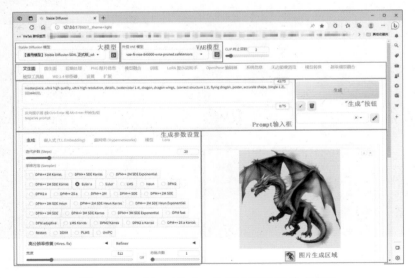

图 1-19　Stable Diffusion 的 WebUI 页面基本布局

其中，"大模型"可以理解为你给 Stable Diffusion 学习的数据包，只有给它学习过的内容，它才能够根据提示词画出来。每个大模型都有其独有的特点和适用场景，用户可以根据自己的需求和实际情况进行选择。"图片生成区域"用于显示生成的图片，在此处可以看到生成过程的每一步迭代图像。其他区域将在后面章节进行具体介绍，这里不再赘述。

1.2.6　出图：用 Stable Diffusion 绘制第一张效果图片

使用 Stable Diffusion 可以非常轻松地进行 AI 绘画，只要输入一个文本描述，它就可以在几秒之内为我们生成一张精美的图片。下面通过一个简单的案例，向大家展示如何使用 Stable Diffusion 快速绘制出一张你喜欢的图片，图片效果如图 1-20 所示。

图 1-20　图片效果展示

下面介绍使用 Stable Diffusion 绘制第一张效果图片的操作方法。

STEP 01 进入 CIVITAI（简称 C 站）主页，在 Images（图片）页面中找到一张喜欢的图片，单击图片右下角的 ⓘ 按钮，如图 1-21 所示。

图 1-21　单击图片右下角的 ⓘ 按钮

> ▶ 专家指点
>
> 　　CIVITAI 是一家专注于 AI 生成内容的创业公司，旗下自主研发的 Diffusion 模型可以进行多模态的图像、视频等内容的生成。除了公共模型外，CIVITAI 还支持用户上传数据进行模型微调和优化，以提升图像的生成质量。

STEP 02 执行上一步操作后，弹出一个包含图片信息的面板，单击 Prompt 右侧的 Copy prompt（复制提示词）按钮，如图 1-22 所示，即可复制正向提示词。

图 1-22　单击 Copy prompt 按钮

STEP 03 将复制的提示词输入 Stable Diffusion 的"正向提示词"输入框中，使用同样的操作方法，复制 Negative prompt（否定提示）并输入 Stable Diffusion 的"反向提示词"输入框中，同时根据图片信息面板中的生成数据对"文生图"的相应参数进行设置，如图 1-23 所示。

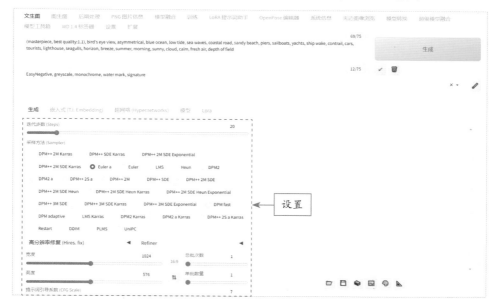

图 1-23　输入提示词并设置"文生图"参数

STEP 04 单击"生成"按钮，即可快速生成相应的图像，图片效果如图 1-20 所示。由于使用了不同的主模型，因此出图效果会有些差异。

第2章

生成参数：提升 AI 绘画的效果精美度

章 前 知 识 导 读

　　Stable Diffusion 具有强大的图像生成能力，让更多的人对这个领域充满了无限遐想。本章主要介绍文生图和图生图时的基本生成参数设置技巧，帮助大家提升 Stable Diffusion 的绘画效果精美度。

新 手 重 点 索 引

🎬 以文生图：通过文本描述生成图像
🎬 以图生图：通过参考图片生成图像

效 果 图 片 欣 赏

2.1 以文生图：通过文本描述生成图像

Stable Diffusion 作为一款强大的 AI 绘画工具，可以通过文本描述生成各种图像，但是其参数设置比较复杂，对新手来说不容易上手。如何快速了解和掌握 Stable Diffusion 的基本参数，使生成图片更符合预期呢？本节将带你快速了解 Stable Diffusion 文生图中各项关键参数的作用，并掌握相关的设置方法。

2.1.1 参数 1：迭代步数

迭代步数（Steps）是指输出画面需要的步数，其作用可以理解为"控制生成图像的精细程度"，Steps 越高生成的图像细节越丰富、精细。不过，增加 Steps 的同时也会增加每张图片的生成时间，减少 Steps 则可以加快图片生成速度。

扫码看视频

Stable Diffusion 的采样迭代步数采用的是分步渲染的方法。分步渲染是指在生成同一张图片时，分为多个阶段使用不同的文字提示进行渲染。在整张图片基本成型后，再通过添加文本描述的方式来渲染和优化细节。这种分步渲染的方法，需要对照明、场景等采用一定的美术处理技巧，才能生成逼真的图像效果。

Stable Diffusion 的每一次迭代都是在上一次生成的基础上进行渲染。一般来说，Steps 保持在 18 ~ 30 之间，即可生成较好的图像效果。如果 Steps 设置得过低，可能会导致图像生成不完整，关键细节无法呈现；而 Steps 设置得过高则会大幅度增加生成时间，但对图像效果提升的边际效果较小，仅对细节进行轻微优化，因此可能会得不偿失。图 2-1 所示为不同迭代步数生成的图像效果对比。

图 2-1　不同迭代步数生成的图像效果对比

下面介绍设置迭代步数的操作方法。

STEP 01 在 Stable Diffusion 的"文生图"页面中输入相应的提示词，将"迭代步数"设置为 5，单击"生成"按钮，可以看到生成的人物图像效果是非常模糊的，且面部不够完整，如图 2-2 所示。

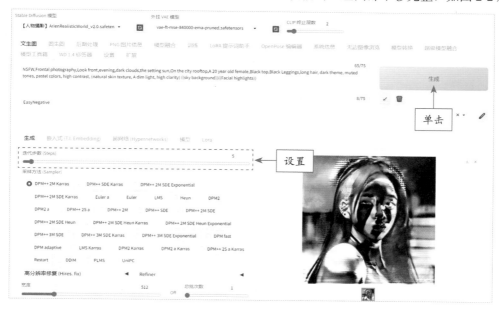

图 2-2　"迭代步数"设置为 5 生成的图像效果

STEP 02 锁定图 2-2 中的"随机数种子"数值，将"迭代步数"设置为 30，其他参数保持不变，单击"生成"按钮，可以看到生成的图像效果是非常清晰的，而且画面效果是完整的，如图 2-3 所示。

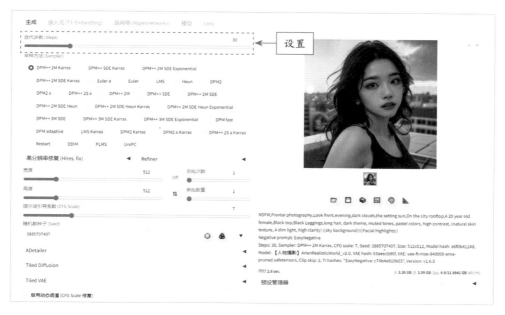

图 2-3　"迭代步数"设置为 30 生成的图像效果

扫码看视频

2.1.2 参数 2：采样方法

采样的简单理解就是执行去噪的方式，Stable Diffusion 中的 30 种采样方法（Sampler）就相当于 30 位画家，每种采样方法对图片的去噪方式都不一样，生成的图像风格也就不同。下面简单总结了一些常见采样方法的特点。

● 速度快：Euler 系列、LMS 系列、DPM++ 2M、DPM fast、DPM++ 2M Karras、DDIM 系列。

● 质量高：Heun、PLMS、DPM++ 系列。

● 标签（Tag）利用率高：DPM2 系列、Euler 系列。

● 动画风：LMS 系列、UniPC。

● 写实风：DPM2 系列、Euler 系列、DPM++ 系列。

在上述采样方法中，推荐使用 DPM++ 2M Karras，其生成图片的速度快、效果好，如图 2-4 所示。

图 2-4　图片效果展示

下面介绍设置"采样方法"的操作方法。

STEP 01 进入"文生图"页面，选择一个写实类的大模型，输入相应的提示词，指定生成图像的画面内容，如图 2-5 所示。

图 2-5　输入相应的提示词

STEP 02 在页面下方的"采样方法"选项组中，选中 DPM++ 2M Karras 单选按钮，如图 2-6 所示，使采样结果更加真实、自然。

图 2-6　选中 DPM++ 2M Karras 单选按钮

STEP 03 单击两次"生成"按钮，即可通过 DPM++ 2M Karras 的采样方法生成两张图片，图片效果见图 2-4。

▶ **专家指点**

　　"采样方法"技术为 Stable Diffusion 等生成模型提供了更加真实、可靠的随机采样能力，从而可以生成更加逼真的图像效果。"采样方法"又称为采样器，除 DPM++ 2M Karras 外，常用的"采样方法"还有 3 种，分别为 Euler a、DPM++ 2S a Karras 和 DDIM。

● Euler a 的采样生成速度最快，但在生成高细节图像并增加迭代步数时，会产生不可控的变化，如人物脸部扭曲、细节扭曲等。Euler a 采样器适合生成图标（icon）、二次元图像或小场景的画面。

● DPM++ 2S a Karras 采样方法可以生成高质量图像，适合生成写实人像或刻画复杂场景，而且 Steps（即迭代步数）越高，细节刻画效果越好。

● DDIM 比其他采样方法具有更高的效率，而且随着 Steps 的增加，可以叠加生成更多的细节。

2.1.3　参数 3：高分辨率修复

　　高分辨率修复（Hires.fix）功能首先以较小的分辨率生成初步图像，接着放大图像，然后在不更改构图的情况下改进其中的细节。Stable Diffusion 会依据用户设置的"宽度"和"高度"尺寸，并按照"放大倍率"进行等比例放大。

扫码看视频

▶ **专家指点**

　　在"高分辨率修复"选项组中，下面几个选项的设置非常关键。

　　（1）放大倍数。放大倍数是指图像被放大的比例。需要注意的是，当图像被放大到一定程度后，可能会出现质量问题。

　　（2）高分迭代步数。高分迭代步数是指在提高图像分辨率时，算法需要迭代的次数。如果将其设置为 0，则将使用与 Steps 相同的值。通常情况下，建议将高分迭代步数设置为 0 或小于 Steps 的值。

　　（3）重绘幅度。重绘幅度是指在进行图像生成时，需要添加的噪声程度。该值为 0 表示完全不加噪声，即不进行任何重绘操作；值为 1 则表示整个图像将被随机噪声完全覆盖，生成与原图完全不相关的图像。通常在重绘幅度设置为 0.5 时，会对图像的颜色和光影产生显著影响；而在重绘幅度设置为 0.75 时，甚至会改变图像的结构和人物姿态。

对于显存较小的显卡来说，可以通过使用高分辨率修复功能，把"宽度"和"高度"尺寸设置得小一些，如默认分辨率为 512×512 的图片，然后将其"放大倍数"参数设置为 2，Stable Diffusion 就会生成分辨率为 1024×1024 的图片，且不会占用过多的显存，图片效果如图 2-7 所示。

图 2-7　图片效果展示

下面介绍设置"高分辨率修复"的操作方法。

STEP 01 在 Stable Diffusion 的"文生图"页面中输入相应的提示词，单击"生成"按钮，生成一张分辨率为 512×512 的图片，效果如图 2-8 所示。

图 2-8　生成一张分辨率为 512×512 的图片效果

STEP 02 展开"高分辨率修复"选项组，设置"放大算法"参数为 R-ESRGAN 4x+ Anime6B，如图 2-9 所示，这是一种基于超分辨率技术的图像增强算法，主要用于提高动漫图像的质量和清晰度。

图 2-9　设置"放大算法"参数

STEP 03 其他参数保持默认设置，单击"生成"按钮，即可生成一张分辨率为 1024×1024 的图片，效果如图 2-7 右图所示。

2.1.4　参数 4：图片尺寸

图片尺寸即分辨率，指的是图片宽度和高度的像素数量，它决定了数字图像的细节再现能力和质量。例如，分辨率为 768×512 的图像在细节表现方面具有较高的质量，可以提供更好的视觉效果，图片如图 2-10 所示。

扫码看视频

图 2-10　图片效果展示

下面介绍设置图片尺寸的操作方法。

STEP 01 进入"文生图"页面，选择一个写实类的大模型，输入相应的提示词，指定生成图像的画面内容，如图 2-11 所示。

图 2-11　输入相应的提示词

STEP 02 在"高分辨率修复"选项组中设置"宽度"为 768、"高度"为 512，表示生成分辨率为 768×512 的图像，其他设置如图 2-12 所示。

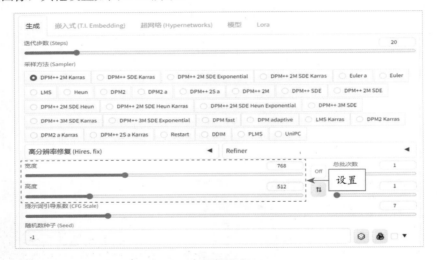

图 2-12　设置相应参数

> ▶ 专家指点
>
> 　　通常情况下，8GB 显存的显卡，图片尺寸应尽量设置为 512×512 的分辨率；否则太小的画面无法描绘清晰，太大的画面则容易"爆显存"。8GB 显存以上的显卡则可以适当调高分辨率。"爆显存"是指计算机的画面数据量超过了显存的容量，导致画面出现错误或者计算机的帧数骤降，甚至出现系统崩溃等情况。
>
> 　　图片尺寸需要和提示词所生成的画面效果相匹配，如分辨率设置为 512×512 时，人物大概率会出现大头照。用户也可以固定一个图片尺寸的值，并将另一个值调高，但固定值要保持在 512 ~ 768 之间。

STEP 03 单击"生成"按钮，即可生成相应尺寸的横图，图片效果见图 2-10。

2.1.5　参数 5：总批次数与单批数量

扫码看视频

　　"总批次数"就是在绘制多张图片时，显卡是按照一张接一张的顺序往下画；
"单批数量"就是在显卡同时绘制多张图片时，绘画效果通常比较差。例如，在
Stable Diffusion 中使用相同的提示词和生成参数，可以一次生成 6 张不同的图片，
效果如图 2-13 所示。

图 2-13　一次生成 6 张不同图片效果展示

　　下面介绍设置"总批次数"与"单批数量"的操作方法。

STEP 01 进入"文生图"页面，选择一个写实类的大模型，输入相应的提示词，指定生成图像的
画面内容，如图 2-14 所示。

图 2-14　输入相应的提示词

STEP 02 在"高分辨率修复"选项组中设置"总批次数"参数为 6，可以理解为一次循环生成 6
张图片，其他设置如图 2-15 所示。

图 2-15 设置"总批次数"参数

STEP 03 单击"生成"按钮，即可同时生成 6 张图片，且每张图片的差异性都比较大，图片效果如图 2-16 所示。

图 2-16 生成 6 张图片效果

STEP 04 在保持提示词和其他参数不变时，设置"总批次数"参数为 2、"单批数量"参数为 3，可以理解为一个批次里一次生成 3 张图片，共生成 2 个批次，如图 2-17 所示。

图 2-17 设置"总批次数"和"单批数量"参数

STEP 05 单击"生成"按钮，即可生成 6 张图片，且同批次中的图片差异较小，同时出图效果也比较差，效果如图 2-13 所示。

▶ **专家指点**

需要注意的是，Stable Diffusion 默认的出图效果是随机的，又称为"抽卡"，也就是说我们需要不断地生成新图，从中挑选出一张效果最好的图片。

如果用户的计算机显卡配置比较高，可以使用"单批数量"的方式出图，速度会更快，同时也能保证一定的画面效果；否则，就加大"总批次数"，每一批只生成一张图片，这样在硬件资源有限的情况下，可以让 AI 尽量画好每张图。

2.1.6　参数 6：提示词引导系数

扫码看视频

"提示词引导系数（CFG Scale）"主要用来调节提示词对 AI 绘画效果的引导程度，参数范围为 0 ～ 30，数值较大时绘制的图片会更加符合提示词的要求，效果对比如图 2-18 所示。

图 2-18　数值大小不同时图片效果对比

下面介绍设置"提示词引导系数"的操作方法。

STEP 01 进入"文生图"页面，选择一个写实类的大模型，输入相应的提示词，指定生成图像的画面内容，如图 2-19 所示。

图 2-19　输入相应的提示词

STEP 02 在"高分辨率修复"选项组设置"提示词引导系数"参数为 2，表示提示词与绘画效果的关联性较低，其他设置如图 2-20 所示。

图 2-20　设置"提示词引导系数"参数

▶ 专家指点

　　"提示词引导系数"的参数值建议设置为 7 ～ 12，过小的参数值会导致图像的色彩饱和度降低；而过大的参数值则会产生粗糙的线条或过度锐化的图像细节，甚至可能导致图像严重失真。

STEP 03 单击"生成"按钮，即可生成相应的图像，且图像内容与提示词的关联性不大，效果如图 2-18 左图所示。

STEP 04 保持提示词和其他设置不变，设置"提示词引导系数"参数为 10，此时提示词与绘画效果的关联性较高，如图 2-21 所示。

图 2-21　设置较高的"提示词引导系数"参数

STEP 05 单击"生成"按钮，即可生成相应的图像，且图像内容与提示词的关联性较大，画面的光影效果更突出、质量更高，效果如图 2-18 右图所示。

2.1.7　参数 7：随机数种子

在 Stable Diffusion 中，随机数种子（Seed，也称为随机种子或种子）可以理解为每个图像的唯一编码，能够帮助我们复制和调整生成的图像效果。当用户在绘图过程中发现有满意的图像时，就可以复制并锁定图像的"随机数种子"，让后面生成的图像更加符合自己的需求，图片效果如图 2-22 所示。

扫码看视频

图 2-22　图片效果展示

下面介绍设置"随机数种子"的操作方法。

STEP 01 进入"文生图"页面，选择一个二次元风格的大模型，输入相应的提示词，指定生成图像的画面内容，如图 2-23 所示。

图 2-23　输入相应的提示词

STEP 02 在"生成"选项卡中，"随机数种子"的参数值默认为 - 1，表示随机生成图像效果，其他设置如图 2-24 所示。

图 2-24　设置其他相应参数

▶ 专家指点

　　在 Stable Diffusion 中，"随机数种子"是通过一个 64 位的整数（指用 64 位二进制数表示的整数）来表示的。如果将这个整数作为输入值，AI 模型会生成一个对应的图像。如果多次使用相同的随机数种子，则 AI 模型会生成相同的图像。

　　在"随机数种子"文本框的右侧，单击 ⬡ 按钮，可以将参数值重置为 - 1，则每次生成图像时都会使用一个新的随机数种子。如果复制图像的随机数种子值，并将其输入"随机数种子"文本框内，后续生成的图像将基本保持不变。

STEP 03 单击"生成"按钮，每次生成图像时都会随机生成一个新的种子，从而得到不同的结果，图片效果如图 2-25 所示。

图 2-25　"随机数种子（Seed）"参数设置为 -1 时生成的图像效果

STEP 04 在下方的图片信息中找到并复制 Seed 值，将其输入"随机数种子"文本框中，如图 2-26 所示。

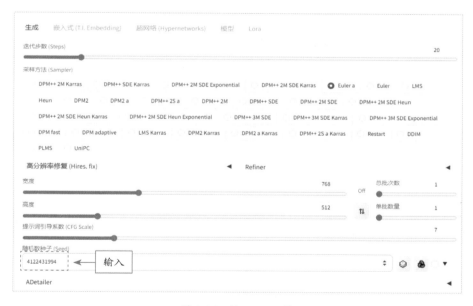

图 2-26　输入 Seed 值

STEP 05 单击"生成"按钮，则后续生成的图像将保持不变，每次得到的结果都会相同，效果如图 2-22 所示。

2.1.8 参数 8：变异随机种子

除了"随机数种子"值外，在 Stable Diffusion 中用户还可以使用"变异随机种子"（different random seed，简称 diff seed）值来控制出图效果。"变异随机种子"是指在生成图像的过程中，每次的扩散过程中都会使用不同的随机数种子，从而产生与原图不同的图像，可以将其理解为在原来的图片上进行叠加变化，图片效果如图 2-27 所示。

扫码看视频

图 2-27 图片效果展示

> ▶ 专家指点
>
> 　　当"变异随机种子"参数设置为 0 时，表示完全按照"随机数种子"的值生成新图像，也就是完全复制输入的原图像，即新图与原图完全相同。在这种情况下，无论输入什么样的图像，只要"随机数种子"相同，生成的图像结果就相同。
> 　　当"变异随机种子"参数设置为 1 时，表示完全按照"变异随机种子"的值生成新图像，也就是与输入的原图像有很大的差异，即新图与原图完全不相同。在这种情况下，每次输入相同的图像，都会得到不同的结果，因为每次都会生成新的"变异随机种子"。

下面介绍设置"变异随机种子"的操作方法。

STEP 01 在上一例效果的基础上，选中"随机数种子（Seed）"右侧的复选框，展开该选项组，可以看到"变异随机种子"的参数值默认为 -1，保持该参数值不变，将"变异强度"参数设置为 0.21，如图 2-28 所示。

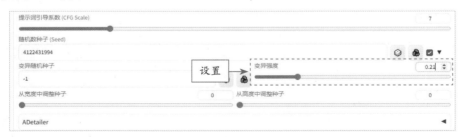

图 2-28 设置"变异强度"参数

STEP 02 单击"生成"按钮，则后续生成的新图与原图比较接近，只有细微的差别，图片效果如图 2-29 所示。

图 2-29　生成的新图与原图比较接近

STEP 03 将"变异强度"设置为 0.5，其他参数保持不变，如图 2-30 所示。

图 2-30　设置"变异强度"参数

▶ 专家指点

　　"随机数种子"的尺寸通常很少用到，它的概念是尝试生成图像，与同一"随机数种子"在指定分辨率下生成的图像相似。例如，首先使用分辨率为 512×512 生成一张人物图片（将其称为图 1），人物的脸部可能会变形，俗称"脸崩"，这是因为在该分辨率下图片无法承受太多的人物细节。此时，可以再生成一张分辨率为 512×1024 的人物图片（将其称为图 2），并在图像信息中复制其 Seed 值。

　　接下来锁定图 1 的 Seed 值，并将图 2 的 Seed 值输入"变异随机种子"文本框内，设置"变异强度"为 0.5、"从宽度中调整种子"为 512、"从高度中调整种子"为 1024，单击"生成"按钮，生成相应的人物图片，此时人物的脸部和手部的变形程度稍微降低了。

　　对于使用低显存显卡的用户来说，这是一个比较实用的功能，可以用 512×512 的分辨率，高效率地生成高度为 1024 的人物全身图片。

STEP 04 单击"生成"按钮，则后续生成的新图与原图差异更大，效果如图 2-27 所示。

2.1.9　参数 9：变异强度

扫码看视频

变异强度（diff intensity）表示原图与新图的差异程度。变异强度越大，则变异随机种子对图像的影响就越大，通常可以根据需要灵活调整生成的新图像与原图像之间的相似程度。利用随机数种子和变异随机种子的特点，可以通过控制变异强度，将不同的图片效果进行融合，原图与效果的对比如图 2-31 所示。

图 2-31　原图与新图的效果对比

在该案例中，固定了图 2 的 Seed 值，而图 1 则作为影响图 2 的一个变量。从图 2-31 中的对比可以直观地看到，当"变异强度"设置为 0.2 时，图 2 带有一点点图 1 的风格；当"变异强度"设置为 0.8 时，图 2 几乎变成了图 1 的风格。

下面介绍设置变异强度的操作方法。

STEP 01 进入 Stable Diffusion 的"PNG 图片信息"页面，在"来源"选项组中单击"点击上传"链接，如图 2-32 所示。

图 2-32 单击"点击上传"链接

STEP 02 弹出"打开"对话框，选择相应的素材图像，单击"打开"按钮上传图像，将其命名为图 1，同时在右侧即可看到图像的提示词等生成参数，单击"发送到文生图"按钮，如图 2-33 所示。

图 2-33 单击"发送到文生图"按钮

▶ 专家指点

在"查看 PNG 图片信息"页面中，只有上传用 Stable Diffusion 生成的图片，页面右侧才会显示对应的生成参数信息。如果上传的图片不是由 Stable Diffusion 生成的，或者图片被重新编辑和保存过，可能会无法读取到对应的生成参数信息。

STEP 03 执行操作后，进入"文生图"页面，在"随机数种子"右侧单击 🎲 按钮，重置"随机数种子"，如图 2-34 所示。

图 2-34 重置"随机数种子"

STEP 04 单击"生成"按钮，即可生成新的图像，将该图像命名为图2，并复制Seed值，将其输入"随机数种子"文本框中，如图2-35所示。

图2-35 在"随机数种子"文本框内输入图2的Seed值

STEP 05 返回"PNG图片信息"页面，复制图1的Seed值，将其输入"变异随机种子"文本框中，并将"变异强度"设置为0.2，单击"生成"按钮，生成相应的图像效果，如图2-36所示。

图2-36 将"变异强度"设置为0.2时生成的图像效果

STEP 06 将"变异强度"设置为0.8，再次单击"生成"按钮，生成相应的图像效果，如图2-37所示。

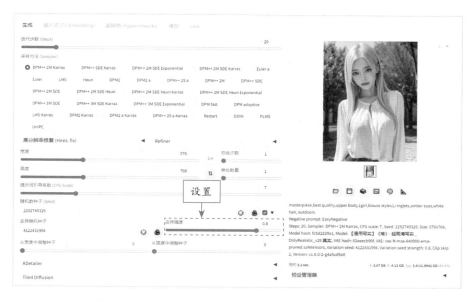

图 2-37　将"变异强度"设置为 0.8 时生成的图像效果

2.1.10　参数 10：X/Y/Z 图表

扫码看视频

Stable Diffusion 中的 X/Y/Z 图表是一种用于可视化三维数据的图表，它由 3 个坐标轴组成，分别代表 3 个变量，这个工具的作用就是可以同时查看最多 3 个变量对于出图结果的影响。具体而言，X、Y 和 Z 这 3 个坐标轴分别代表图像的不同生成参数。其中，X 轴和 Y 轴用于确定图像的行数和列数，而 Z 轴则用于确定批处理尺寸。通过在这 3 个坐标轴上设定不同的生成参数，可以将不同的生成参数组合起来生成多个图像网格。

▶ 专家指点

通过 X/Y/Z 图表的对比，可以快速生成一张图片并观察不同生成参数组合下的效果，避免了频繁生成图像后再作对比。同时，所有生成的图像都将在同一界面上展示，以便用户更方便地比较和分析 AI 出图效果。

例如，利用 Stable Diffusion 的 X/Y/Z 图表工具，可以非常方便地对比不同采样方法和大模型的出图效果，如图 2-38 所示。

▶ 专家指点

需要注意的是，X/Y/Z 图表中只能显示英文参数，因此模型名中的中文字符会变成乱码。如果用户对此有讲究，可以将模型名改为纯英文，但修改时要谨慎，避免模型名变得混乱和难以理解。

图 2-38　出图效果展示

下面介绍设置 X/Y/Z 图表参数的操作方法。

STEP 01 在"文生图"页面中选择一个二次元风格的大模型，输入相应的提示词，单击"生成"按钮，生成一张卡通图片，效果如图 2-39 所示。

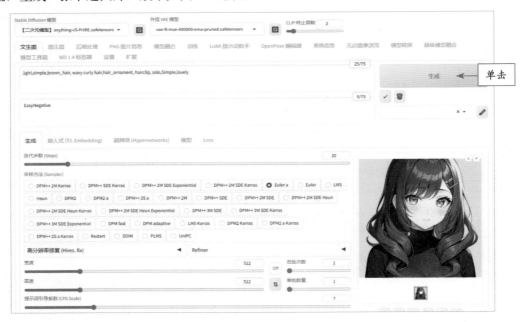

图 2-39　生成一张卡通图片

STEP 02 锁定该图片的 Seed 值，在页面下方的"脚本"列表框中选择"X/Y/Z 图表"选项，如图 2-40 所示。

图 2-40　选择 "X/Y/Z 图表" 选项

STEP 03 执行操作后，即可展开 X/Y/Z plot（图表）选项组，单击 "X 轴类型" 下方的下拉按钮 ▾，如图 2-41 所示。

图 2-41　单击 "X 轴类型" 下方的下拉按钮

STEP 04 在弹出的下拉列表中选择 "采样方法" 选项，即可将 "X 轴类型" 设置为 Sampler，单击右侧的 "X 轴值" 按钮 ▣，在弹出的列表框中选择想要对比的采样方法，此处选择多种采样方法，如图 2-42 所示。

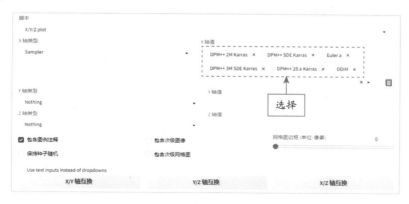

图 2-42　选择多种采样方法

STEP 05 单击"生成"按钮，即可非常清晰地对比同一个提示词下，6种不同采样方法分别生成的图像，效果如图2-43所示。

图 2-43　对比 6 种不同采样方法分别生成的图像效果

STEP 06 在 X/Y/Z plot 选项组中，单击"Y轴类型"下方的下拉按钮▼，在弹出的下拉列表中选择"模型名"选项，如图2-44所示。

图 2-44　选择"模型名"选项

▶ 专家指点

　　在 X/Y/Z plot 选项组中，通过不同的轴互换操作，可以更加灵活地呈现数据，帮助用户更好地理解不同变量之间的关系，相关技巧如下。
● 单击"X/Y 轴互换"按钮，X 轴和 Y 轴将会互换，即原来在 X 轴上的变量会移动到 Y 轴上，原来在 Y 轴上的变量会移动到 X 轴上。这样可以将两个变量的关系以相反的方向呈现在图表上，方便进行对比和分析。
● 单击"Y/Z 轴互换"按钮，Y 轴和 Z 轴将会互换，即原来在 Y 轴上的变量会移动到 Z 轴上，原来在 Z 轴上的变量会移动到 Y 轴上。这样可以将第 3 个变量从另一个维度中展示出来，方便观察和分析 3 个变量之间的关系。
● 单击"X/Z 轴互换"按钮，X 轴和 Z 轴将会互换，即原来在 X 轴上的变量会移动到 Z 轴上，原来在 Z 轴上的变量会移动到 X 轴上。同样地，这样可以将第 3 个变量从另一个维度中展示出来，方便观察和分析另外两个变量之间的关系。

STEP 07 执行操作后，单击"Y 轴值"下方的下拉按钮 ▾，在弹出的下拉列表中选择需要对比的模型名，选择相应的模型名，同时将"X 轴值"列表框中的一些采样方法适当删除，如图 2-45 所示。

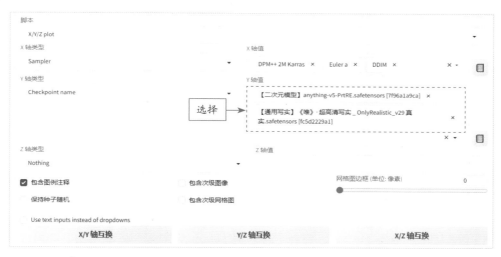

图 2-45　选择相应的模型名并适当删除一些采样方法

STEP 08 单击"生成"按钮，即可非常清晰地对比同一个提示词下，3 种不同采样方法和 2 种不同大模型分别生成的图像，效果见图 2-38。

2.2 以图生图：通过参考图片生成图像

　　图生图（Image to Image）是一种基于深度学习技术的图像生成方法，它可以将一张参考图片通过转换得到另一张与之相关的新图片，这种技术广泛应用于计算机图形学、视觉艺术等领域。

　　图生图功能突破了 AI 完全随机生成的局限性，为图像创作提供了更多的可能性，进一步增强了 Stable Diffusion 在数字艺术创作等领域的应用价值。Stable Diffusion 图生图功能的主要特点如下。

- 基于输入的原始图像生成新图像，保留主要的样式和构图。
- 支持添加文本提示词，指导图像的生成方向，如修改风格、增加元素等。
- 可以通过分步渲染逐步优化和增强图像细节。
- 借助原图内容，可以明显改善和控制生成的图像效果。
- 可以模拟不同的艺术风格，并通过文本描述进行风格修改。
- 可用于批量处理大量图片，自动完成图片的优化和修改。

Stable Diffusion 的图生图功能允许用户输入一张图片，并通过添加文本描述的方式输出修改后的新图片，相关示例如图 2-46 所示。

图 2-46　图生图的示例

本节将介绍 Stable Diffusion 图生图中的一些重要参数和基本功能，并通过实际案例的演示，让你了解如何利用这些技巧来创造出独特而有趣的图像效果。

2.2.1　参数 1：缩放模式

当原图和用户设置的新图尺寸参数不一致的时候，用户可以通过"缩放模式"选项来选择图片处理模式，让生成的图片效果更合理。原图与新图的效果对比如图 2-47 所示。

扫码看视频

图 2-47　原图与新图的效果对比

下面介绍设置"缩放模式"的操作方法。

STEP 01 进入 Stable Diffusion 的"图生图"页面，选择一个写实类的大模型，在下方的"图生图"选项卡中单击"点击上传"链接，如图 2-48 所示。

STEP 02 执行操作后，弹出"打开"对话框，从中选择一张原图，如图 2-49 所示。

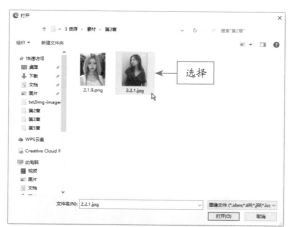

图 2-48　单击"点击上传"链接　　　　　　　图 2-49　选择一张原图

STEP 03 单击"打开"按钮，即可上传原图，如图 2-50 所示。

STEP 04 在页面下方设置相应的生成参数，在"缩放模式"选项组中，默认选中"仅调整大小"单选按钮，如图 2-51 所示。

图 2-50　上传原图　　　　　　　　　　图 2-51　默认选中"仅调整大小"单选按钮

STEP 05 在页面上方的 Prompt 输入框中输入相应的提示词，对画面细节进行调整，单击"生成"按钮，如图 2-52 所示。

图 2-52　单击"生成"按钮

STEP 06 执行操作后，即可使用"仅调整大小"模式生成相应的新图，此时 Stable Diffusion 会将图像大小调整为用户设置的目标分辨率，当高度和宽度不匹配时，将生成不正确的纵横比的图像，效果如图 2-53 所示。

STEP 07 在页面下方的"缩放模式"选项组中，选中"裁剪后缩放"单选按钮，如图 2-54 所示。

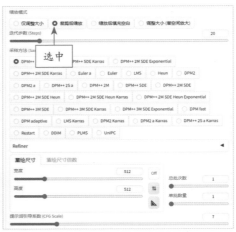

图 2-53　"仅调整大小"模式生成的图像效果　　图 2-54　选中"裁剪后缩放"单选按钮

STEP 08 单击"生成"按钮，即可使用"裁剪后缩放"模式生成相应的新图，此时 Stable Diffusion 会自动调整图像的大小，使整个目标分辨率都被图像填充，并裁剪掉多出来的部分，可以看到人物的头顶和部分身体已经被裁掉了，效果如图 2-55 所示。

STEP 09 在"缩放模式"选项区中，选中"缩放后填充空白"单选按钮，如图 2-56 所示。

图 2-55 "裁剪后缩放"模式生成的图像效果　　图 2-56 选中"缩放后填充空白"单选按钮

STEP 10 单击"生成"按钮，即可使用"缩放后填充空白"模式生成相应的新图片，此时 Stable Diffusion 会自动调整图像的大小，使整个图像处在目标分辨率内，同时用图像的颜色自动填充空白区域，能够让原图中整个人物的身体部分都显示出来，效果见图 2-47（右）。

2.2.2 参数 2：重绘幅度

在 Stable Diffusion 中，重绘幅度主要用于控制在图生图中重新绘制图像时的强度或程度，较小的参数值会生成较柔和的图像效果，而较大的参数值则会产生变化更强烈的图像效果，如图 2-57 所示。

扫码看视频

图 2-57 图像效果展示

下面介绍设置"重绘幅度"的操作方法。

STEP 01 进入"图生图"页面，上传一张原图，如图 2-58 所示。

STEP 02 在页面下方设置"重绘幅度"为 0.2，如图 2-59 所示，重绘幅度值越小生成的新图会越贴合原图的效果。

图 2-58　上传一张原图　　　　　　　　　　　　图 2-59　设置"重绘幅度"参数

STEP 03 选择一个二次元风格的大模型，并输入相应的提示词，使生成的新图为二次元风格，如图 2-60 所示。

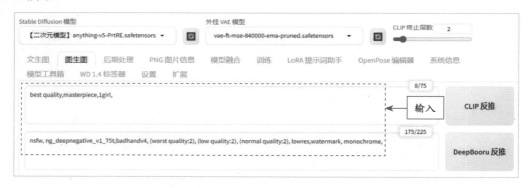

图 2-60　输入相应的提示词

STEP 04 单击"生成"按钮，即可生成新图，当"重绘幅度"值较小时新图与原图几乎无变化，效果见图 2-57（左）。

STEP 05 将"重绘幅度"设置为 0.7，再次单击"生成"按钮，即可生成新图，当"重绘幅度"值较大时新图的变化会非常大，效果见图 2-57（右）。

> ▶ **专家指点**
>
> 　　当"重绘幅度"值小于 0.5 的时候，新图比较接近原图；当"重绘幅度"值大于 0.7 以后，则 AI 的自由创作力度就会变大。因此，用户可以根据需要调整"重绘幅度"参数值，以达到自己想要的特定效果。
>
> 　　通过调整"重绘幅度"参数，可以完成各种不同的图像处理和生成任务，包括图像增强、色彩校正、图像修复等。例如，在改变图像的色调或进行其他形式的颜色调整时，可能会需要设置较小的"重绘幅度"参数值；而在大幅度改变图像内容或进行风格转换时，则可能会需要设置更大的"重绘幅度"参数值。

2.2.3　功能 1：涂鸦

扫码看视频

　　涂鸦功能可以让用户在涂抹的区域按照指定的提示词生成自己想要的部分图像，用户能够更自由地创作和定制图像，原图与新图的效果对比如图 2-61 所示。

图 2-61　原图与新图的效果对比

> ▶ **专家指点**
>
> 　　在"涂鸦"选项卡中，单击 ⊘ 按钮，在弹出的拾色器中可以选择相应的笔刷颜色。已被涂鸦的区域将会根据涂鸦的颜色进行改变，但是这种变化可能会对图像生成产生较大的影响，甚至会导致人物姿势的改变。需要注意的是，在涂鸦后不改变任何参数的情况下生成图像时，即使没有被涂鸦的区域也会发生一些变化。

　　下面介绍使用涂鸦功能绘图的操作方法。

STEP 01 进入"图生图"页面，切换至"涂鸦"选项卡，上传一张原图，如图 2-62 所示。

STEP 02 使用笔刷工具在人物的颈部涂抹出一个项链形状的蒙版，如图 2-63 所示。

图 2-62　上传一张原图　　　　　　图 2-63　涂抹出项链形状的蒙版

STEP 03 选择一个写实类的大模型，输入相应的提示词，控制将要绘制的图像内容，如图 2-64 所示。

图 2-64　输入相应的提示词

STEP 04 单击 ▲ 按钮自动设置"宽度"和"高度"参数，将"重绘尺寸"设置与原图一致，其他设置如图 2-65 所示。

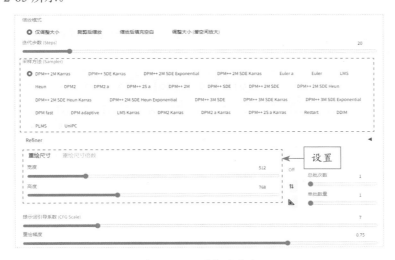

图 2-65　设置相应参数

STEP 05 单击"生成"按钮，即可生成相应的项链图像，效果见图 2-61（右）。

51

扫码看视频

2.2.4 功能 2：局部重绘

局部重绘是 Stable Diffusion 图生图中的一个重要功能，它能够针对图像的局部区域进行重新绘制，从而做出各种创意性的图像效果。局部重绘功能可以让用户更加灵活地控制图像的变化，它只对特定的区域进行修改和变换，而保持其他部分不变。

局部重绘功能可以应用到许多场景中，可以只对图像的某个区域进行局部增强或改变，以实现更加细致和精确的图像编辑。例如，可以只修改图像中的人物脸部特征，从而实现人脸交换或面部修改等操作，原图与新图的效果对比如图 2-66 所示。

图 2-66 原图与新图效果的对比

下面介绍使用局部重绘功能绘图的操作方法。

STEP 01 进入"图生图"页面中，选择一个写实类的大模型，切换至"局部重绘"选项卡，上传一张原图，如图 2-67 所示。

STEP 02 单击右上角的 按钮，拖曳滑块，适当调大笔刷，如图 2-68 所示。

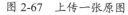

图 2-67 上传一张原图　　　　图 2-68 适当调大笔刷

STEP 03 涂抹人物的脸部，创建相应的蒙版区域，如图 2-69 所示。

STEP 04 在页面下方设置"采样方法"为 DPM++ 2M Karras，如图 2-70 所示，用于创建类似真人的脸部效果。

涂抹

图 2-69　创建相应的蒙版区域

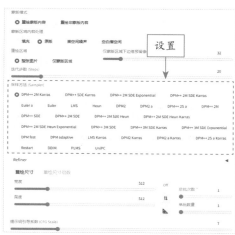

设置

图 2-70　设置"采样方法"参数

STEP 05　单击"生成"按钮，即可生成相应的新图，可以看到人物脸部出现了较大的变化，而其他部分则保持不变，效果见图 2-66（右）。

▶ **专家指点**

　　"局部重绘"选项卡中的蒙版边缘模糊度用于控制蒙版边缘的模糊程度，作用与 Photoshop 中的羽化功能类似。

　　较小的蒙版边缘模糊度参数值会使蒙版边缘更加清晰，从而更好地保留重绘部分的细节和边缘；而较大的蒙版边缘模糊度参数值则会使边缘变得更加模糊，从而使重绘部分更好地融入图像整体，达到更加平滑、自然的重绘效果，相关的图像效果对比如图 2-71 所示。

图 2-71　不同的蒙版边缘模糊度参数值生成的图像效果对比

　　蒙版边缘模糊度的作用在于能够更好地融合重绘部分与原始图像之间的过渡区域。通过调整蒙版边缘模糊度参数，可以改变蒙版边缘的软硬程度，使重绘的图像部分能够更自然地融入原始图像中，避免图像中出现过于突兀的变化。

2.2.5　功能 3：涂鸦重绘

扫码看视频

涂鸦重绘在之前的 SD 版本中又称为局部重绘（手涂蒙版），它其实就是"涂鸦＋局部重绘"的结合体，这个功能的出现是为了解决用户在不想改变整张图片的情况下，实现更精准地对多个元素进行修改。例如，使用涂鸦重绘功能可以更换人物领带的颜色，原图与新图的效果对比如图 2-72 所示。

图 2-72　原图与新图的效果对比

下面介绍使用涂鸦重绘功能绘图的操作方法。

STEP 01 在"图生图"页面中切换至"涂鸦重绘"选项卡，上传一张原图，如图 2-73 所示。

STEP 02 将笔刷颜色设置为浅红色（RGB 参数值分别为 238、115、115），在图中的领带上进行涂抹，创建一个蒙版，如图 2-74 所示。

图 2-73　上传一张原图　　　　　　　图 2-74　创建一个蒙版

STEP 03 选择一个写实类的大模型，输入提示词 Light red plaid tie（浅红色格子领带），用于指定蒙版区域的重绘内容，如图 2-75 所示。

图 2-75 输入相应的提示词

STEP 04 在页面下方单击 ◣（三角板）按钮自动设置"宽度"和"高度"参数，将重绘尺寸调整为与原图一致，"重绘区域"设置为"仅蒙版区域"，"采样方法"设置为 DPM++ 2M Karras，其他选项保持默认即可，如图 2-76 所示。（注意，选中"仅蒙版区域"单选按钮时，可以让 AI 只画蒙版中的区域，但可能会产生重影。）

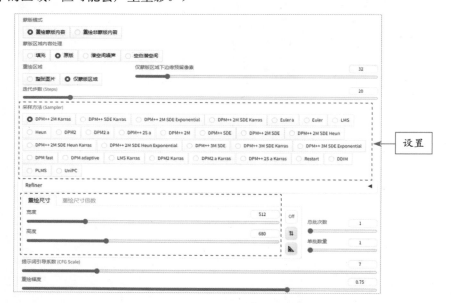

图 2-76 设置相应参数

▶ 专家指点

　　涂鸦重绘功能中有两种蒙版模式，即重绘蒙版内容（Paint-Mask）和重绘非蒙版内容（Invert-Mask），这两种模式主要用于控制重绘的内容和效果。

　　在涂鸦重绘功能的生成参数中，选中"重绘蒙版内容"单选按钮时，蒙版仅用于限制重绘的内容，只有蒙版内的区域会被重绘，而蒙版外的部分则保持不变，这种模式通常用于对图像的特定区域进行修改或变换，通过在蒙版内绘制新的内容，可以实现局部重绘的效果；选中"重绘非蒙版内容"单选按钮时，只有蒙版外的区域会被重绘，而蒙版内的部分则保持不变。

STEP 05 单击"生成"按钮，即可生成相应的新图，并将领带的颜色改为浅红色，其他图像部分则保持不变，效果如图 2-72 右图所示。

▶ 专家指点

　　在"涂鸦重绘"选项卡的生成参数中，有一个"蒙版透明度"选项，主要用于控制重绘图像的透明度。例如，将图 2-77 中的天空涂抹为黄色，分别设置不同的蒙版透明度值，生成的图像效果对比如图 2-77 所示。

图 2-77　不同蒙版透明度值生成的图像效果对比

　　从图 2-77 所示的图像效果对比可以看到，随着蒙版透明度值的增加，蒙版中的图像越来越透明，当蒙版透明度值达到 100 时，重绘的图像就变得完全透明了。

　　"蒙版透明度"选项的作用主要有两个：一是像图 2-77 中的中间图一样，它可以当作一个颜色滤镜，调整画面的色调氛围；二是可以给图像进行局部上色处理，如给人物的头发上色，蒙版中的图像与新图的效果对比如图 2-78 所示。

图 2-78　给人物的头发上色

扫码看视频

2.2.6 功能 4：上传重绘蒙版

　　前面的涂鸦重绘、局部重绘等图生图功能都是通过手涂的方式来创建蒙版，蒙版的精准度比较低。对于这种情况，Stable Diffusion 开发了一个上传重绘蒙版功能，用户可以手动上传一张黑白图片当作蒙版进行重绘，这样用户就可以在 Photoshop 中直接用选区来绘制蒙版了。

　　例如，使用上传重绘蒙版功能更换图中的某些元素或颜色（如帽子的颜色和款式），这样操作起来会比涂鸦重绘功能更加便捷，原图与新图的效果对比如图 2-79 所示。

图 2-79　原图与新图的效果对比

▶ 专家指点

　　需要注意的是，在"上传重绘蒙版"选项卡中上传的蒙版必须是黑白图片，不能带有透明通道。如果用户上传的是带有透明通道的蒙版，那么重绘的地方会呈现方形区域，与你想要重绘的区域无法完全融合。

　　下面介绍使用上传重绘蒙版功能绘图的操作方法。

STEP 01 进入"图生图"页面，切换至"上传重绘蒙版"选项卡，分别上传原图和蒙版，如图 2-80 所示。

STEP 02 在页面下方的"蒙版模式"选项组中，选中"重绘蒙版内容"单选按钮，其他设置如图 2-81 所示。注意，上传重绘蒙版和前面的局部重绘功能不同，上传蒙版中的白色代表重绘区域，黑色代表保持原样，因此这里一定要选中"重绘蒙版内容"单选按钮。

图 2-80　上传原图和蒙版

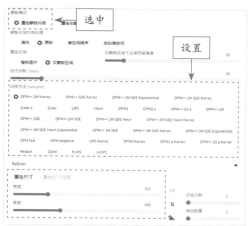

图 2-81　设置相应参数

STEP 03　选择一个写实类的大模型，输入提示词 blue hat（蓝色帽子），如图 2-82 所示。

图 2-82　输入相应的提示词

STEP 04　单击"生成"按钮，即可生成相应的新图，并将帽子的颜色改为蓝色，效果如图 2-79 右图所示。

▶ 专家指点

　　在"图生图"页面中还有一个批量处理功能，它能够同时处理多张上传的蒙版并重绘图像，用户需要先设置好"输入目录"和"输出目录"等路径，如图 2-83 所示。批量处理的原理基本与上传重绘蒙版功能相同，因此这里不再赘述其操作过程。

图 2-83　批量处理功能的基本设置方法

▶ 专家指点

　　需要注意的是，输入目录、输出目录等路径中不要携带任何中文或者特殊字符，否则 Stable Diffusion 会出现报错的情况，并且所有原图和蒙版的文件名称必需一致。当用户设置好参数后，即可一次性重绘多张图片，能够极大地提升局部重绘的效率。

第3章

提示词库：指定 AI 绘画的内容和元素

章前知识导读

　　使用 Stable Diffusion 的文生图或图生图功能进行 AI 绘画时，可以通过输入一些提示词或上下文信息，生成与文本描述相关的图像效果。本章将介绍提示词的使用技巧、语法格式、反推技巧和后期处理功能。

新手重点索引

　　📽 文本描述：用提示词实现文字成画　　📽 语法格式：学会组合和应用提示词
　　📽 反推技巧：从图像中反推出提示词　　📽 后期处理：快速缩放和修复图像

效果图片欣赏

3.1 **文本描述：用提示词实现文字成画**

Stable Diffusion 中的提示词也叫 tag，网上也有人将其称为"咒语"，它是一种文本描述信息，用于指导生成图像的方向和画面内容。提示词可以是关键词、短语或句子，用于描述所需的图像样式、主题、风格、颜色、纹理等。通过提供清晰的提示词，可以帮助 Stable Diffusion 模型生成更符合用户需求的图像效果。

3.1.1 公式：正确书写提示词的模板

Stable Diffusion 的提示词输入框又分为正向提示词和反向提示词两部分，上面为正向提示词（Prompt）输入框，下面为反向提示词（Negative prompt）输入框，如图 3-1 所示。

图 3-1　Stable Diffusion 的提示词输入框

虽然很多人的提示词看着密密麻麻的一大段，但实际上都逃不开一个很简单的提示词书写公式，即"画面质量＋画面风格＋画面主体＋画面场景＋其他元素"，对应的说明如下。

（1）画面质量：通常为起手通用提示词。

（2）画面风格：包括绘画风格、构图方式等。

（3）画面主体：包括人物、物体等细节描述。

（4）画面场景：包括环境、点缀元素等细节描述。

（5）其他元素：包括视角、特色、光线等。

3.1.2 技巧 1：通过正向提示词绘图

Stable Diffusion 中的正向提示词是指能够引导模型生成符合用户需求的结果的提示词，这些提示词可以描述所需的全部图像信息。

扫码看视频

▶ 专家指点

　　通过不断尝试新的提示词组合和使用不同的参数设置，可以发现更多的可能性并探索新的创意方向。

　　在书写正向提示词时，需要注意以下几点。

　　（1）具体、清晰地描述所需的图像内容，避免使用模糊、抽象的词汇。

　　（2）根据需要使用多个关键词组合，以覆盖更广泛的图像内容。

　　（3）使用正向提示词的同时，可以添加一些修饰语或额外的信息，以增强提示词的引导效果。

　　（4）Stable Diffusion 生成的图像结果可能受到多种因素的影响，包括输入的提示词、模型本身的性能和训练数据等。因此，有时即便使用了正确的正向提示词，也可能会生成不符合预期目标的图像。

正向提示词可以是各种内容，以提高图像质量，如 masterpiece（杰作）、best quality（最佳质量）、extremely detailed face（极其细致的面部）等。这些提示词可以根据用户的需求和目标来订制，以帮助生成更高质量的图像，图片效果如图 3-2 所示。

图 3-2　图片效果展示

下面介绍通过正向提示词绘图的操作方法。

STEP 01 进入 Stable Diffusion 的"文生图"页面，根据前面介绍的书写公式输入相应的正向提示词，如图 3-3 所示。（注意，按 Enter 键换行并不会影响提示词的效果。）

图 3-3　输入相应的正向提示词

STEP 02 在页面下方"采样方法"设置为 DPM++ 2M Karras、"宽度"设置为 512、"高度"设置为 680、"总批次数"设置为 2，提高生成图像的质量和分辨率，如图 3-4 所示。

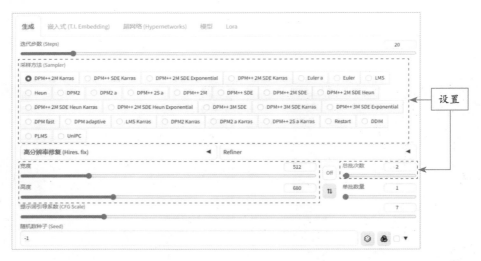

图 3-4　设置相应参数

STEP 03 单击"生成"按钮，即可生成与提示词描述相对应的图像，但背景有些模糊，整体质量不佳，效果如图 3-2 所示。

3.1.3　技巧 2：通过反向提示词绘图

扫码看视频

Stable Diffusion 中的反向提示词是用来描述不希望在生成图像中出现的某些特征或元素的提示词。反向提示词可以帮助模型排除某些特定的内容或特征，从而使生成的图像更加符合用户的需求。

下面在上一例效果的基础上，输入相应的反向提示词，对图像进行优化和调整，让人物细节更清晰、完美，图片效果如图 3-5 所示。

图 3-5　图片效果展示

下面介绍通过反向提示词绘图的操作方法。

STEP 01 在"文生图"页面中，输入相应的反向提示词，如图 3-6 所示。

图 3-6　输入相应的反向提示词

STEP 02 单击"生成"按钮，在生成与提示词描述相对应图像的同时，画面质量会更好一些，效果如图 3-5 所示。

> ▶ **专家指点**
>
> 反向提示词的使用，可以让 Stable Diffusion 更加准确地满足用户的需求，避免生成不必要的内容或特征。但需要注意的是，反向提示词可能会对生成的图像产生一定的限制，因此用户需要根据具体需求进行权衡和调整。

3.1.4　技巧 3：通过预设提示词绘图

当我们找到比较满意的提示词后，可以将其保存下来，便于下次出图时能够快速调用预设提示词，以提升出图效率，图片效果如图 3-7 所示。

扫码看视频

图 3-7　图片效果展示

下面介绍通过预设提示词绘图的操作方法。

STEP 01 在"文生图"页面中的"生成"按钮下方，单击"编辑预设样式"按钮 ✎，如图 3-8 所示。

图 3-8　单击"编辑预设样式"按钮

▶ **专家指点**

当前的 AI 工具都是基于底层大模型进行应用的，提示词实际上是对这个大模型的深入挖掘和调整，可以将其简单地理解为连接人类和 AI 的桥梁。因为模型反馈结果的质量在很大程度上取决于用户提供信息的数量。

目前，这个问题主要是由于底层大模型训练不够充分所致。例如，针对特定风格训练的应用及绘图模型，即使只有几个单词也能绘制出精美的画作。为了解决这个问题，许多企业还设立了专门的提示工程师职位，在 AI 领域也专门有一门学科叫做 Prompt Engineering（提示工程）。

STEP 02 执行操作后，弹出"预设样式"对话框，输入相应的预设样式名称和提示词，如图 3-9 所示，单击"保存"按钮保存预设样式提示词，然后单击"关闭"按钮退出。

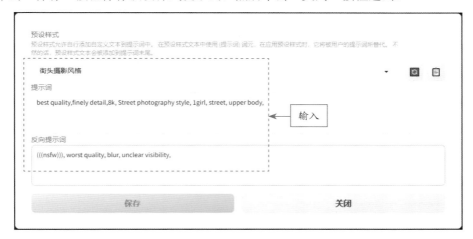

图 3-9　输入相应的预设样式名称和提示词

STEP 03 根据提示词的内容适当调整生成参数，在右侧的"预设样式"列表框中选择前面创建的预设样式，如图 3-10 所示。

图 3-10　选择前面创建的预设样式

STEP 04 此时不需要输入任何提示词，直接单击"生成"按钮，Stable Diffusion 会自动调用该预设样式中的提示词，并快速生成相应的图像，效果如图 3-7 所示。

▶ 专家指点

　　用户可以进入安装 Stable Diffusion 的根目录，找到一个名为 styles.csv 的数据文件，打开该文件后即可编辑预设样式中的提示词内容，如图 3-11 所示。修改提示词后，单击保存按钮，即可自动同步应用到 Stable Diffusion 的预设样式中。

图 3-11　编辑预设样式中的提示词内容

3.2　语法格式：学会组合和应用提示词

　　Stable Diffusion 中的提示词可以使用自然语言或用逗号隔开的单词来书写，它具有很大的灵活性和可变性，用户可以根据具体需求对提示词进行更复杂的组合和应用。当然，前提是需要使用正确的提示词语法格式，本节将介绍相关的技巧。

3.2.1   格式 1：权重语法

提示词权重（prompt weight）用于控制生成图像中相应提示词的影响程度，该数值越大，提示词对生成图像的影响则越大。

提示词权重具有先后顺序，越靠前的提示词其影响程度越大。通常，我们会先描述整体画风，再描述局部画面，最后控制光影效果。然而，如果对提示词中的个别元素描述不进行控制，只是简单地堆砌提示词，权重效果通常并不明显。因此，需要使用语法来更加准确地控制图像的输出结果，具体方法有以下两种。

1．加权：增强提示词权重

使用小括号"()"可以将括号内的提示词权重提升 1.1 倍，同时可以通过嵌套的方式进一步加权。例如，"(blonde hair)"代表提示词"金色头发"提升 1.1 倍权重，"((blonde hair))"则代表该提示词提升 1.1×1.1=1.21 倍权重，以此类推。

如果用户觉得小括号太多了比较麻烦，也可以使用"(blonde hair: 1.6)"这样的方式来控制权重，代表该提示词提升 1.6 倍权重。

另外，使用大括号"{}"可以将括号内的提示词权重提升 1.05 倍，同样可以通过嵌套实现复数加权，但与小括号不同，大括号不支持"{blonde hair: 1.5}"这样的写法。在实践中，大括号用得比较少，小括号则更为常见，因为它调整起来更加方便一些。

2．降权：减弱提示词权重

使用中括号"[]"可以将括号内的元素权重除以 1.1，相当于降低到约 90% 的权重。降权的语法同样支持多层嵌套，但与大括号类似，也不支持"[blonde hair: 0.8]"这样的写法。在实践应用中，如果用户想方便地调整提示词，使用小括号内加数字会更便捷一些。

> ▶专家指点
>
> 在 Stable Diffusion 中最好使用英文提示词，因为它无法很好地理解中文字符。因此，用户在输入提示词时，务必确保全程使用英文输入法。
>
> 值得一提的是，用户无需严格遵循英语语法结构，只需以关键词组的形式分段输入提示词，或使用英文逗号和空格分隔词组。为了提高提示词的可读性，用户可以直接将不同部分的提示词进行换行处理。除了特定语法外，大部分情况下字母大小写和换行不会对画面内容产生影响。

3.2.2   格式 2：混合语法

Stable Diffusion 提示词的混合语法是指将不同的提示词以特定的方式组合在一起，以实现更复杂的图像效果。混合语法的格式为"A AND B"，即用 AND 将提示词 A 和 B 连接起来。注意 AND 必须为大写。

扫码看视频

另外，用户也可以使用"|"符号来代替 AND，表示逻辑或操作，即两个元素会交替出现，达到融合的效果。

例如，要实现黄色头发和绿色头发的渐变效果，可以写成"yellow hair | green hair"或"yellow

hair AND green hair"。Stable Diffusion 在处理这两个 tag 时，会按照前一步画黄色头发，后一步画绿色头发的方式循环进行绘画，图片效果如图 3-12 所示。

图 3-12　图片效果展示

下面介绍使用提示词的混合语法来生成黄绿混合发色的人物操作方法。

STEP 01 进入"文生图"页面，适当调整生成参数，并输入相应的正向提示词，提示词使用了混合语法来控制人物的头发颜色，如图 3-13 所示。

图 3-13　输入相应的正向提示词

▶ 专家指点

　　混合语法也支持加权，如"(yellow hair: 1.3) | (green hair: 1.2)"，其中的"|"符号表示元素融合，无需考虑两个元素之间的权重之和是否等于 100%。

STEP 02 单击"生成"按钮，即可生成黄色和绿色混合发色的人物效果，如图 3-14 所示。

图 3-14　生成黄色和绿色混合的人物发色效果

STEP 03 如果想要黄色更多一些，绿色更少一些，可以给相应提示词加权重，对提示词进行修改，如图 3-15 所示。

图 3-15　修改提示词

STEP 04 再次单击"生成"按钮，生成相应的图像。可以看到，头发中的黄色变得更明显，而绿色则相对少一些，效果见图 3-12。

3.2.3　格式 3：渐变语法

提示词的渐变语法使用":"符号，可以按照指定的权重融合两个元素，常用的书写格式有以下 3 种。

（1）[from:to:when]。例如，提示词为 [yellow:green:0.6] hair，表示前面 60% 的步骤画黄色头发，后面 40% 的步骤画绿色头发，这样生成的结果应该是黄绿渐变的发色，且绿色不会太明显，效果如图 3-16 所示。

▶ 专家指点

when＜1 的时候，表示迭代步数（参与总步骤数）的百分比；when＞1 的时候，则表示在前多少步时作为 A 渲染，之后则作为 B 渲染。需要注意的是，提示词的权重总和建议设置为 100%，如果超过 100%，AI 可能会出现失控的现象。

（2）[to:when]。例如，提示词为 yellow hair:0.2，表示前面 80% 的步骤中不画，后面 20% 的步骤再画黄色头发。

图 3-16　黄绿渐变的发色效果

（3）[from::when]。例如，提示词为 [yellow hair::0.2]，表示前面 20% 的步骤画黄色头发，后面 80% 的步骤中不画黄色头发。

3.2.4　格式 4：交替验算语法

扫码看视频

用户可以在多个提示词中间加竖线"|"符号，实现提示词的交替验算。例如，采用这种提示词语法格式可以生成猫和狗的混合生物，图片效果如图 3-17 所示。

图 3-17　图片效果展示

▶ 专家指点

在提示词输入框中，使用鼠标框选相应的提示词，按住 Ctrl 键的同时，按↑或↓方向键，可以快速增加或减弱该提示词的权重。

下面介绍使用交替验算语法格式绘图的操作方法。

STEP 01 进入"文生图"页面，选择一个写实类的大模型，对生成参数进行适当调整，输入相应的正向提示词，表示使用交替验算语法来循环画提示词中描述的两种元素，如图 3-18 所示。

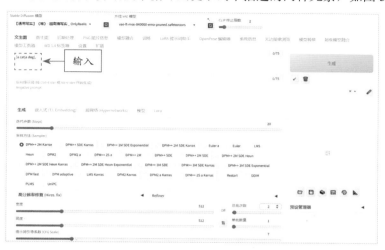

图 3-18　输入相应的正向提示词

STEP 02 单击"生成"按钮，即可生成"猫和狗的混合生物"图像，效果见图 3-17。

3.2.5　应用：提示词矩阵

在某些情况下，一些模型在利用某些特定提示词时表现非常出色，然而在更换模型后，这些提示词可能就无法再使用了。有时，删除某些看似无用的提示词后，图像的呈现效果会变得异常，但又不清楚具体是哪些方面受到了影响。

扫码看视频

此时就可以使用提示词矩阵（Prompt matrix）来深入探究其原因。提示词矩阵用于比较不同提示词交替使用时对于绘制图片的影响，多个提示词以"|"符号作为分隔点，图片效果如图 3-19 所示。

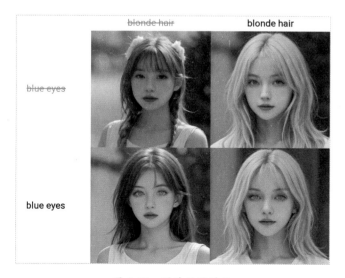

图 3-19　图片效果展示

在提示词矩阵中，最前面的提示词会被用在每一张图上，而后面被"|"符号分隔的两个提示词，则会被当成矩阵提示词，交错添加在最终生成的图上。

第 1 行第 1 列的图，就是什么额外提示词都没加的生成效果；第 1 行第 2 列的图，就是添加了"blonde hair（金发）"这个提示词的生成效果；第 2 行第 1 列的图，就是添加了"blue eyes（蓝色眼睛）"这个提示词的生成效果；第 2 行第 2 列的图，就是同时添加了全部提示词的生成效果。这样用户就能很清楚地看到，各种提示词交互叠加起来的生成效果。

下面介绍使用提示词矩阵的操作方法。

STEP 01 进入"文生图"页面，选择一个"人像摄影"类的大模型，输入相应的正向提示词，如图 3-20 所示。

图 3-20　输入相应的正向提示词

STEP 02 适当调整生成参数，单击"生成"按钮，生成一张图片，复制其 Seed 值并固定"随机数种子"参数，如图 3-21 所示。

图 3-21　固定"随机数种子"参数

STEP 03 在页面下方的"脚本"列表框中选择"Prompt matrix（提示词矩阵）"选项，如图 3-22 所示，启用该功能。

STEP 04 单击"生成"按钮，即可生成提示词矩阵对比图，效果如图 3-19 所示，可以看到不同提示词组合下生成的图像效果对比，从而快速找到最佳的提示词组合。

图 3-22　选择"Prompt matrix（提示词矩阵）"选项

3.3　反推技巧：从图像中反推出提示词

在 AI 绘画的过程中常常会遇到这种情况：看到其他人创作了一张令人惊叹的图片，但无论我们如何按照其提供的提示词和模型进行尝试，都无法成功复制相同的图片。有时候，甚至图片中没有提供任何提示词，让我们更难以使用合适的提示词来描述该画面。

面对这种情况时，可以反推这张图片的提示词。反推提示词是 Stable Diffusion 图生图中的功能之一。图生图的基本逻辑是通过上传的图片，使用反推提示词或自主输入提示词，基于所选的 Stable Diffusion 模型生成相似风格的图片。本节将介绍提示词的反推技巧，帮助大家快速生成相似风格的图片效果。

3.3.1　技巧 1：通过 CLIP 反推提示词

CLIP（对比语言 图像预训练器）反推提示词是根据用户在图生图中上传的图片，使用自然语言来描述图片信息。从整体来看，CLIP 擅长反推自然语言风格的长句子提示词，这种提示词对 AI 的控制力度会比较差，但是大体的画面内容还是基本一致，只是风格变化较大，原图与新图的效果对比如图 3-23 所示。

扫码看视频

图 3-23　原图与新图的效果对比

下面介绍使用 CLIP 反推提示词的操作方法。

STEP 01 进入"图生图"页面，上传一张原图，单击"CLIP 反推"按钮，如图 3-24 所示。

图 3-24　单击"CLIP 反推"按钮

STEP 02 稍等一会儿（时间较长），即可在正向提示词输入框中反推出原图的提示词，可以将提示词复制到"文生图"页面的提示词输入框中，如图 3-25 所示。

图 3-25　复制提示词

STEP 03 适当设置生成参数，单击"生成"按钮，可以看到根据提示词生成的图像基本符合原图的各种元素，但由于模型和生成参数设置的差异，图片还是会有所不同，图像效果如图 3-26 所示。

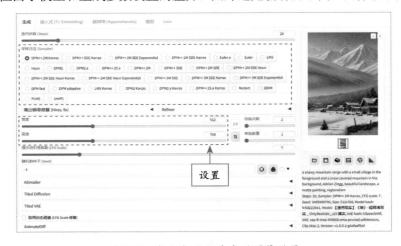

图 3-26　根据提示词生成的图像效果

3.3.2　技巧 2：通过 DeepBooru 反推提示词

扫码看视频

　　使用 DeepBooru 反推提示词时，它更擅长用单词堆砌的方式，反推的提示词相对来说会更完整一些，但出图的效果有待优化。下面对上一例的素材进行操作，对比 DeepBooru 与 CLIP 两者的区别，图片效果如图 3-27 所示。

图 3-27　图片效果展示

　　下面介绍使用 DeepBooru 反推提示词的操作方法。

STEP 01 进入"图生图"页面，上传一张原图，单击"DeepBooru 反推"按钮，反推出原图的提示词，可以看到风格与我们平时用的提示词相似，都是使用多组关键词的形式进行展示，如图 3-28 所示。

图 3-28　使用 DeepBooru 反推提示词

STEP 02 将反推的提示词复制到"文生图"页面的提示词输入框中，保持上一例的生成参数不变，单击两次"生成"按钮后，根据提示词生成的图像虽然也会丢失信息，但画面质量已经比 CLIP 反推出的提示词好多了，效果如图 3-27 所示。

3.3.3 技巧 3：通过 Tagger 反推提示词

WD 1.4 标签器（Tagger）是一款优秀的反推提示词插件，其精准度比 DeepBooru 更高。下面仍然以 3.3.1 节的素材进行操作，对比 Tagger 与前面两种反推提示词工具的区别，图片效果如图 3-29 所示。

图 3-29　图片效果展示

下面介绍使用 Tagger 反推提示词的操作方法。

STEP 01 进入"WD 1.4 标签器"页面，上传一张原图，Tagger 会自动反推提示词，并显示在右侧的"标签"文本框中，如图 3-30 所示。

图 3-30　显示反推的提示词

STEP 02 Tagger 同时还会对提示词进行分析，单击"发送到文生图"按钮，进入"文生图"页面，会自动输入反推出来的提示词，使用与 3.3.1 节相同的生成参数，两次单击"生成"按钮，即可生成相应的图像，画面元素的还原度要优于前面两种提示词反推工具，如图 3-31 所示。

图 3-31　根据 Tagger 反推的提示词生成相应的图像

▶ **专家指点**

　　Tagger 使用结束后，需单击"卸载所有反推模型"按钮，如图 3-32 所示，否则 Tagger 反推模型会占用很高的显存。

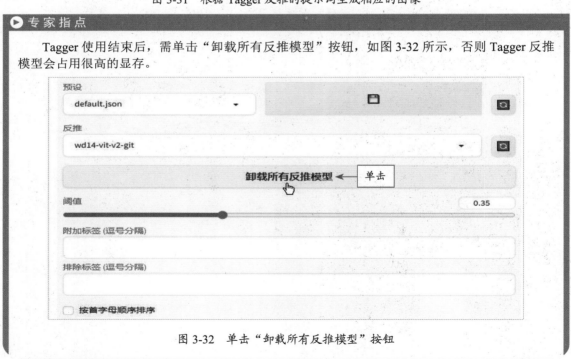

图 3-32　单击"卸载所有反推模型"按钮

3.4 后期处理：快速缩放和修复图像

当用户通过各种提示词生成图像效果后，还可以将图像发送到 Stable Diffusion 的"后期处理"页面中，快速缩放和修复图像，让生成的图像效果更加完美。本节将介绍具体的操作方法。

3.4.1　技巧 1：放大图像

在"后期处理"页面的"单张图片"选项卡中，设置"缩放倍数"参数可以对图像进行放大处理，图像效果如图 3-33 所示。

扫码看视频

图 3-33　图像效果展示

下面介绍放大图像的操作方法。

STEP 01 进入"后期处理"页面，在"单张图片"选项卡中单击"点击上传"链接，如图 3-34 所示。弹出"打开"对话框，选择相应的原图。

图 3-34　单击"点击上传"链接

STEP 02 单击"打开"按钮，即可上传一张原图，如图 3-35 所示。

图 3-35　上传一张原图

STEP 03 在页面下方的"放大算法 1"列表框中选择 R-ESRGAN 4x+ 选项，选择一种适合写实类图像的放大算法，如图 3-36 所示。

图 3-36　选择 R-ESRGAN 4x+ 选项

STEP 04 "放大算法 2"与"放大算法 1"列表框中的选项相同，用于实现叠加缩放效果，通常建议选择"无"选项即可，如图 3-37 所示。

图 3-37　选择"无"选项

STEP 05 在"缩放倍数"选项卡中，"缩放比例"设置为 2，表示将图像放大 2 倍，如图 3-38 所示。

图 3-38　设置"缩放比例"参数

STEP 06 单击"生成"按钮，即可生成相应的图像，保持原图画面内容不变的同时，使其放大 2 倍，效果如图 3-33 所示。

3.4.2　技巧 2：修复模糊的人脸

扫码看视频

在"后期处理"页面的"单张图片"选项卡中，设置"GFPGAN 可见程度"参数可以修复图像中的人脸部分，该数值越大图像越清晰，但与原图的相似程度会越小，原图与新图的效果对比如图 3-39 所示。

图 3-39　原图与新图的效果对比

下面介绍修复模糊的人脸的操作方法。

STEP 01 在"后期处理"页面的"单张图片"选项卡中，上传一张原图，如图 3-40 所示。

图 3-40　上传一张原图

STEP 02 在页面下方设置"缩放比例"为 2、"放大算法 1"为 R-ESRGAN 4x+、"GFPGAN 可见程度"为 1，采用写实算法放大图像，并将修复强度调到最大，如图 3-41 所示。

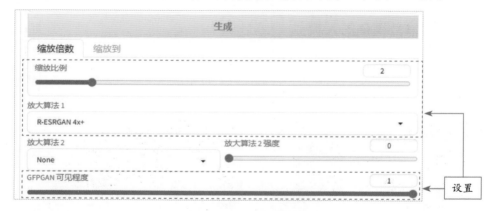

图 3-41　设置相应参数

STEP 03 单击"生成"按钮，即可生成相应的图像，将图像放大 2 倍的同时，可以让人脸变得更清晰，图像效果如图 3-39（右）所示。

3.4.3　技巧 3：优化人脸图像

在"后期处理"页面的"单张图片"选项卡中，利用"CodeFormer 可见程度"选项能够在画面非常模糊，甚至有损坏的情况下，修复出接近原始的、极高质量的人脸图像效果，原图与新图的效果对比如图 3-42 所示。

扫码看视频

▶ 专家指点

借助 CodeFormer 模型，用户可以轻松地将模糊或带有马赛克的图片转化为细节丰富、清晰度极高的原始图像。这项技术的出现，无疑为人们处理图像工作提供了极大的便利，同时也激发了广大用户的创造力。

图 3-42　原图与新图的效果对比

下面介绍优化人脸图像的操作方法。

STEP 01 在"后期处理"页面的"单张图片"选项卡中，上传一张原图，如图 3-43 所示。

图 3-43　上传一张原图

STEP 02 在页面下方设置"缩放比例"为 1、"放大算法 1"为 R-ESRGAN 4x+、"CodeFormer 可见程度"为 1，保持原图的大小不变，并将修复强度调到最大，如图 3-44 所示。

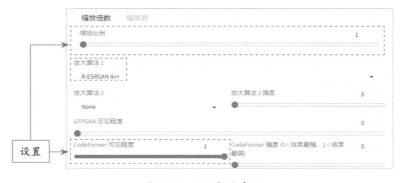

图 3-44　设置相应参数

STEP 03 单击"生成"按钮，即可生成相应的图像，可以去除人脸中的马赛克，还原人物的嘴部，效果如图 3-42 右图所示。

3.4.4　技巧 4：批量处理图像

在"后期处理"页面的"批量处理"选项卡中，用户可以批量放大或修复图像，图片效果如图 3-45 所示。

扫码看视频

图 3-45　图片效果展示

下面介绍批量处理图像的操作方法。

STEP 01 在"后期处理"页面中，切换至"批量处理"选项卡，上传 2 张原图，在页面下方设置"缩放比例"为 2、"放大算法 1"为 R-ESRGAN 4x+，将图像放大 2 倍，并让放大后的图像更偏写实效果，如图 3-46 所示。

图 3-46　设置相应参数

STEP 02 单击"生成"按钮即可生成相应的图像，实现图像的批量放大处理，效果如图 3-45 所示。

3.4.5　技巧 5：批量处理文件夹中的图像

扫码看视频

在"后期处理"页面的"批量处理文件夹"选项卡中，用户可以设置相应的图像输入和输出目录，从而批量处理同一个文件夹下的图像，图像效果如图 3-47 所示。

图 3-47　图像效果展示

下面介绍批量处理文件夹中图像的操作方法。

STEP 01 在"后期处理"页面的"批量处理文件夹"选项卡中，设置相应的"输入目录"和"输出目录"，如图 3-48 所示。

图 3-48　设置相应路径

STEP 02 在页面下方设置"缩放比例"为2、"放大算法1"为R-ESRGAN 4x+，如图3-49所示。

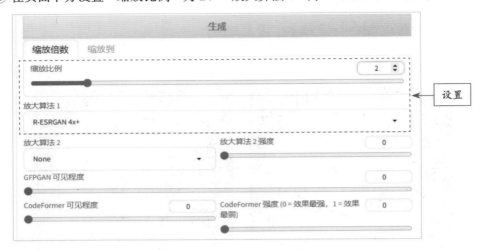

图 3-49　设置相应参数

▶ 专家指点

　　R-ESRGAN 4x+ 放大算法可以将原图放大，同时充分保留原图的细节连贯性。该放大算法的工作原理是将图片分割成小块，然后使用生成式对抗网络算法进行局部演算，最后统一拟合。因此，它比系统自带的其他放大算法更加高效，能够增加细节纹理、提高图像质量。通过使用R-ESRGAN 4x+ 放大算法，Stable Diffusion 可以更好地处理低分辨率图像，并生成更高质量图像。

STEP 03 单击"生成"按钮，即可生成相应的图像，批量放大"输入目录"中的所有图像，并自动保存到"输出目录"中，图像效果如图3-47所示。

第4章

模型训练：打造丰富多样的绘画风格

在使用 Stable Diffusion 进行 AI 绘画时，可以通过选择不同的模型、输入提示词和设置参数来生成自己想要的图像。本章主要介绍模型的使用和训练技巧，从而在 Stable Diffusion 中打造出丰富多样的绘画风格。

新手重点索引

- 下载模型：掌握模型的两种安装方法
- 使用模型：掌握不同模型的应用技巧
- 训练模型：优化 Stable Diffusion 模型

效果图片欣赏

▶ 4.1 ◀ 下载模型：掌握模型的两种安装方法

很多人安装好 Stable Diffusion 后，就会迫不及待地从网上复制一个提示词去生成图像，但发现与想要的结果完全不一样，其实关键就在于选择的模型不正确。模型是 Stable Diffusion 出图时非常依赖的一个因素，出图质量与选择的模型有着直接的关系。本节将介绍下载模型的两种方法，帮助大家快速安装各种模型。

4.1.1　方法 1：通过 Stable Diffusion 启动器下载

扫码看视频

通常情况下，安装完 Stable Diffusion 之后，其中只有一个名为 anything-v5-PrtRE.safetensors [7f96a1a9ca] 的大模型，这个大模型主要用于绘制二次元风格的图像。如果想要让 Stable Diffusion 能画出更多风格的图像，则需要给它安装更多的大模型。大模型的后缀通常为 .safetensors 或 .ckpt，同时它的容量较大，一般在 3 ～ 5GB 之间。

下面以"绘世"启动器为例，介绍通过 Stable Diffusion 启动器下载模型的操作方法。

STEP 01 打开"绘世 2.6.1"启动器程序，在主界面左侧单击"模型管理"按钮进入其界面，默认进入"Stable Diffusion 模型"选项卡，下面的列表中显示的都是大模型，选择相应的大模型后，单击其右侧的"下载"按钮，如图 4-1 所示。

图 4-1　单击"下载"按钮

STEP 02 执行操作后，在弹出的命令行窗口中，根据提示按 Enter 键确认，即可自动下载相应的大模型，底部会显示下载进度和速度，如图 4-2 所示。

图 4-2　显示下载进度和速度

STEP 03　大模型下载完成后，在"Stable Diffusion 模型"列表框的右侧单击"SD 模型：刷新"按钮◎，如图 4-3 所示。

图 4-3　单击"SD 模型：刷新"按钮

STEP 04　执行上一步操作后，即可在"Stable Diffusion 模型"列表框中显示安装好的大模型，如图 4-4 所示。

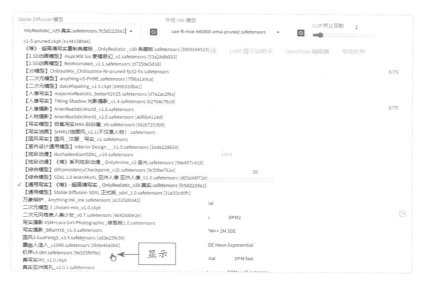

图 4-4　显示安装好的大模型

4.1.2　方法2：通过模型网站下载

除了通过"绘世"启动器程序下载大模型或其他模型外，用户还可以去
CIVITAI、LiblibAI 等模型网站下载更多的模型。图 4-5 所示为 LiblibAI 的"模型
广场"页面，用户可以单击相应的标签来筛选自己需要的模型。

扫码看视频

图 4-5　LiblibAI 的"模型广场"页面

下面以 LiblibAI 网站为例，介绍下载模型的操作方法。

STEP 01 在"模型广场"页面中，可以根据缩略图来选择相应的模型，或者搜索并选择自己想要
的模型，如图 4-6 所示。

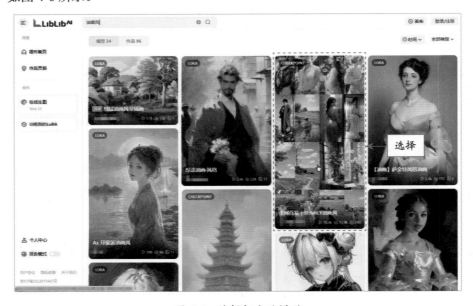

图 4-6　选择相应的模型

STEP 02 执行上一步操作后，进入该模型的详情页面，单击页面右侧的"下载"按钮，如图 4-7
所示，即可下载所选的模型。

图 4-7　单击"下载"按钮

STEP 03 下载模型后，还需要将其保存到对应的文件夹中，才能让 Stable Diffusion 识别到这些模型。通常情况下，大模型保存在 SD 安装目录下的"sd-webui-aki-v4.4\models \Stable-diffusion"文件夹中，如图 4-8 所示。

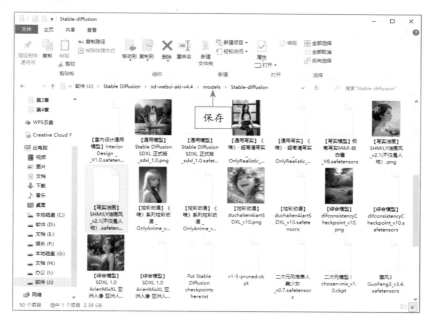

图 4-8　大模型的保存位置

▶ **专家指点**

　　用户可以在对应模型的文件夹中保存该模型生成的效果图，然后将图片名称与模型名称设置为一致，这样在 Stable Diffusion 的"模型"选项卡中即可显示对应的模型缩略图，如图 4-9 所示，便于用户更好地选择模型。

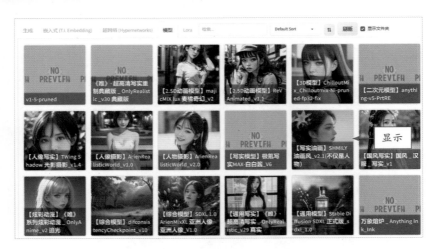

图 4-9　显示模型缩略图

4.2　使用模型：掌握不同模型的应用技巧

在 Stable Diffusion 中，目前共有以下 5 种模型。

● Checkpoint：基础底模型（需单独使用）。

● Embedding、Hypernetwork 和 Lora：辅助模型（需配合基础底模型使用）。

● VAE：美化模型。

其中，基础底模型就是大模型（又称为主模型或底模），Stable Diffusion 主要是基于它来生成各种图像；辅助模型可以对大模型进行微调（是建立在大模型基础上的，不能单独使用）；美化模型则是更细节化的处理方式，如优化图片色调或添加滤镜效果等。本节将详细介绍这些 Stable Diffusion 模型的使用技巧，帮助大家更好地控制 AI 绘画的风格。

4.2.1　模型 1：大模型

Stable Diffusion 中的大模型（Checkpoint）是指那些经过训练以生成高质量、多样性和创新性图像的深度学习模型，这些模型通常由大型训练数据集和复杂的神经网络结构组成，能够生成与输入图像相关的各种风格和类型的图像。

扫码看视频

Checkpoint 的中文意思是"检查点"，之所以叫这个名字，是因为在模型训练到关键位置时会将其存档，类似于我们在玩游戏时保存游戏进度，这样做可以方便后续的调用和回滚（撤销最近的更新或更改，回到上一个版本或状态）操作，如 Stable Diffusion 官方的 v1.5 模型就是在 v1.2 模型的基础上进行了一些调整而得到的。

在"Stable Diffusion 模型"列表框中显示的是用户计算机上已经安装好的大模型，用户可以在该列表框中选择需要使用的大模型。此外，用户还可以在"文生图"或"图生图"页面中，在提示词输入框下方切换至"模型"选项卡，也可以查看和选择大模型，如图 4-10 所示。

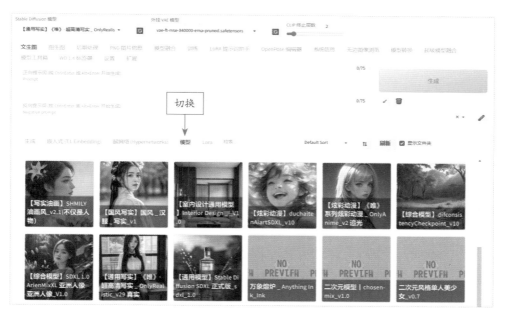

图 4-10 切换至"模型"选项卡

　　大模型在 Stable Diffusion 中起着至关重要的作用，通过结合大模型的绘画能力，可以生成各种各样的图像。这些大模型还可以通过反推提示词的方式来实现图生图的功能，使用户可以通过上传图片或输入提示词来生成相似风格的图像。

　　总之，Stable Diffusion 生成的图像质量好不好，归根结底取决于使用的 Checkpoint 好不好，因此要选择合适的大模型去绘图。即使是完全相同的提示词，大模型不一样，图像的风格差异也会很大，图像效果对比如图 4-11 所示。

图 4-11 图像效果对比

▶ 专家指点

　　Stable Diffusion 官方模型之所以很受欢迎，除了其本身强大的性能之外，一个重要原因在于从头开始训练这样一个完整架构模型的成本相当高昂。

　　官方数据显示，Stable Diffusion v1-5 版本模型的训练动用了 256 个显存为 40GB 的 A100 GPU（专为深度学习打造的显卡，性能对标 RTX 3090 或以上的显卡），合计耗时 15 万个 GPU（Graphic Processing Unit，图形处理单元）小时（相当于约 17 年），总成本高达 60 万美元。

　　此外，为了验证模型的出图效果，上万名测试人员每天要进行 170 万张的出图测试，如此大规模的资源投入是必不可少的。最终的 Stable Diffusion 模型得以免费开源，无疑极大推动了 AI 绘画技术的发展。

　　下面介绍切换大模型的操作方法。

STEP 01 进入 Stable Diffusion 的"文生图"页面，在"Stable Diffusion 模型"列表框中默认使用的是一个二次元风格的 anything-v5-PrtRE.safetensors [7f96a1a9ca] 大模型，输入相应提示词，指定生成图像的画面内容，如图 4-12 所示。

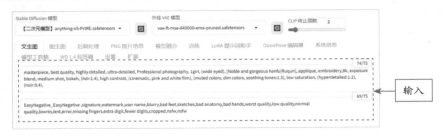

图 4-12　输入相应的提示词

STEP 02 适当设置生成参数，单击"生成"按钮，即可生成与提示词描述相对应的图像，但画面偏二次元风格，图像效果如图 4-13 所示。

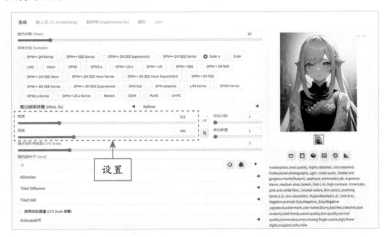

图 4-13　画面偏二次元风格的效果

STEP 03 在"Stable Diffusion 模型"列表框中选择一个写实类的大模型，如图 4-14 所示。（注意：切换大模型需要等待一定的时间，用户可以进入"控制台"窗口中查看大模型的加载时间，加载完成后大模型才能生效。）

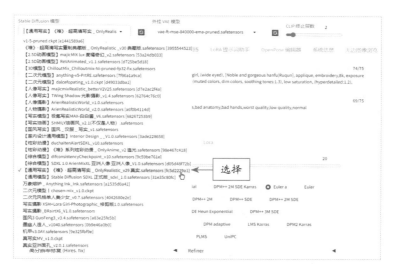

图 4-14　选择一个写实类的大模型

STEP 04　大模型加载完成后，设置相应的"采样方法"，单击"生成"按钮，即可生成写实风格的图像，图像效果如图 4-15 所示。

图 4-15　生成写实风格的图像效果

4.2.2　模型 2：Embedding 模型

扫码看视频

虽然 Checkpoint 模型包含大量的数据信息，但其动辄几个 GB 的文件包使用起来不够轻便。有的时候，用户只需要训练一个能体现人物特征的模型来使用即可，如果每次都要对整个神经网络的参数进行整体微调，操作起来未免过于烦琐。此时，Embeddings 模型便闪亮登场了。

Embedding 又称为嵌入式向量，它是一种将高维对象映射到低维空间的技术。从形式上来说，Embedding 是一种将对象表示为低维稠密向量的方法。这些对象可以是一个词（Word2Vec）、一件物品（Item2Vec）或网络关系中的某个节点（Graph Embedding）。

在 Stable Diffusion 模型中，文本编码器的作用是将提示词转换为计算机可以识别的文本向量，而 Embeddings 模型的原理则是通过训练将包含特定风格特征的信息映射在其中。这样，在输入相应的提示词时，模型会自动启用这部分文本向量来进行绘制。Embeddings 模型的训练过程是针对提示文本部分进行的，因此该训练方法被称为文本倒置（textual inversion）。

Embeddings 模型文件普遍都非常小，有的大小可能只有几万字节（不足 100KB）。为什么模型之间会有如此大的体积差距呢？相比之下，Checkpoint 就像是一本厚厚的字典，里面收录了图片中大量元素的特征信息；而 Embeddings 则像是一张便利贴，它本身并没有存储很多信息，而是将所需的元素信息提取出来进行标注。

例如，避免手部、脸部变形等信息都可以通过调用 Embeddings 模型来解决，著名的 EasyNegative 就是这类模型，效果对比如图 4-16 所示。通过该案例中的两次出图效果对比可以看到，使用 EasyNegative 模型可以有效提升画面的精细度，避免模糊、灰色调、面部扭曲等情况。

图 4-16　两次出图效果对比

下面介绍使用 Embeddings 模型的操作方法。

STEP 01 进入"文生图"页面，选择一个写实类的大模型，输入相应的正向提示词，指定生成图像的画面内容，如图 4-17 所示。

图 4-17　输入相应的正向提示词

STEP 02 适当设置生成参数，单击"生成"按钮，即可生成写实风格的图像，这是完全基于大模型绘制的效果，人物的手部和脸部都出现了明显的变形，如图 4-18 所示。

图 4-18　生成写实风格的图像效果

STEP 03 单击反向提示词输入框，切换至"嵌入式（T.I. Embedding）"选项卡，在其中选择 EasyNegative 模型，即可将其自动输入到反向提示词输入框中，如图 4-19 所示，EasyNegative 这个 Embeddings 模型适用于所有大模型。

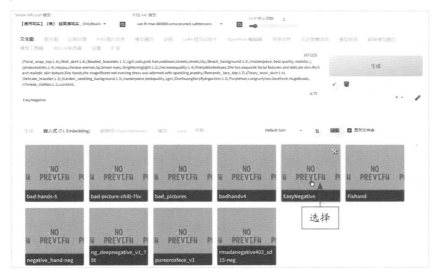

图 4-19　选择 EasyNegative 模型

▶ 专家指点

　　Embeddings 模型也有一定的局限性，由于没有改变主模型的权重参数，因此它很难教会主模型去绘制它没有见过的图像内容，也很难改变图像的整体风格，因此它通常用来固定人物角色或画面内容的特征。

STEP 04 其他生成参数保持不变，单击"生成"按钮，即可调用 EasyNegative 模型中的反向提示词来生成图像，可见图像画质更好，图像效果如图 4-20 所示。

图 4-20　使用 EasyNegative 模型生成的图像效果

▶ 专家指点

　　Embeddings 模型的安装方法也很简单，只需将下载好的模型保存到 Stable Diffusion 安装目录下的"sd-webui-aki-v4.4\embeddings"文件夹中即可，如图 4-21 所示。

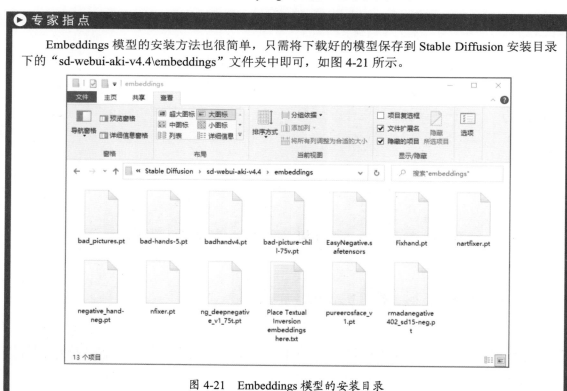

图 4-21　Embeddings 模型的安装目录

扫码看视频

4.2.3　模型 3：Hypernetwork 模型

Hypernetwork 的中文名称为"超网络"，是一种神经网络架构，可以动态生成神经网络的参数权重，简而言之，它可以生成其他神经网络。

在 Stable Diffusion 中，Hypernetwork 被用于动态生成分类器的参数，这为 Stable Diffusion 模型添加了随机性，减少了参数量，并能够引入 Sideinformation（利用已有的信息辅助对信息 X 进行编码，可以使信息 X 的编码长度更短）来辅助特定任务，这使该模型具有更强的通用性和概括能力。Hypernetwork 最重要的功能是转换画面的风格，也就是切换不同的画风，图像效果对比如图 4-22 所示。

图 4-22　图像效果对比

下面介绍使用 Hypernetwork 模型的操作方法。

STEP 01 进入"文生图"页面，选择一个写实类的大模型，输入相应的提示词，不仅指明了画面的主体内容，而且还加入了 pixel style（像素样式）、pixel art（像素艺术）等画风关键词，如图 4-23 所示。

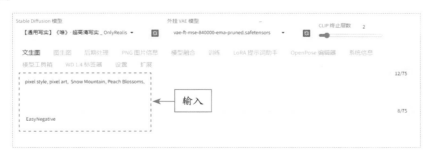

图 4-23　输入相应的提示词

STEP 02 适当设置生成参数，单击"生成"按钮，即可生成写实风格的图像，但画风关键词并没有起到作用，如图 4-24 所示。

图 4-24 生成写实风格的图像

STEP 03 切换至"超网络（Hypernetworks）"选项卡，在其中选择相应的 Hypernetworks 模型，将其插入正向提示词中，并对 Hypernetworks 模型的权重进行适当设置，使两者能够产生更好的融合效果，如图 4-25 所示。

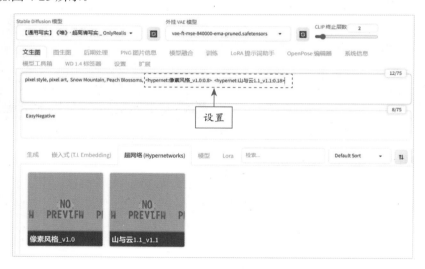

图 4-25 插入并设置 Hypernetworks 模型的提示词权重

▶ 专家指点

在使用 Hypernetwork 模型时，需要注意以下几点。

● Hypernetwork 没有固定的生成图像质量较好的权重值范围，因此需要用户多次进行尝试和调整。

● 建议用户使用与 Hypernetwork 配套的大模型，特别是在刚开始练习时，可以参考作者给出的示例提示词和图片所使用的大模型。

● 为了获得最佳效果，最好使用与作者相同的生成参数或根据推荐参数进行调整。

● Hypernetwork 也可以用于训练人物和物品，但只能做到相似。

STEP 04 切换至"生成"选项卡，保持生成参数不变，单击"生成"按钮，即可生成像素风格的图像，效果如图 4-26 所示。

图 4-26　生成像素风格的图像

▶ 专家指点

Hypernetwork 的功能和 Embedding、Lora 类似，都是对 Stable Diffusion 生成的图像进行针对性调整。但 Hypernetwork 的应用领域较窄，主要用于画风转换，而且训练难度较大，未来很有可能被后来者 Lora 所替代。大家也可以将 Hypernetwork 理解为低配版的 Lora。

用户可以直接将下载好的 Hypernetworks 模型文件保存到 Stable Diffusion 安装目录下的 sd-webui-aki-v4.4\models\hypernetworks 文件夹中，如图 4-27 所示，即可完成该模型的安装。

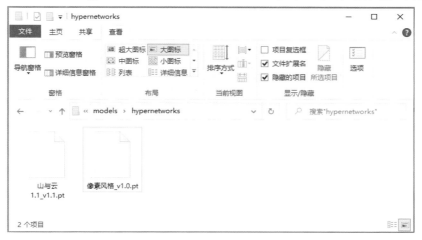

图 4-27　Hypernetwork 模型的安装目录

4.2.4　模型 4：VAE 模型

Stable Diffusion 中的 VAE 模型是一种变分自编码器，它通过学习潜在表征来重建输入数据。在 Stable Diffusion 中，VAE 模型主要用于将图像编码为潜在向量，并从该向量中解码图像，进而用于图像修复或微调等任务，效果对比如图 4-28 所示。

扫码看视频

图 4-28　图像效果对比

下面介绍使用 VAE 模型的操作方法。

STEP 01 进入"文生图"页面，选择一个写实类的大模型，输入相应的提示词，同时将"外挂 VAE 模型"设置为 None（无），如图 4-29 所示，即 Stable Diffusion 在绘画时不会调用 VAE 模型。

图 4-29　设置"外挂 VAE 模型"参数

STEP 02 适当设置生成参数，单击"生成"按钮，即可生成相应的图像，这是没有使用 VAE 模型的出图效果，画面色彩比较平淡，如图 4-30 所示。

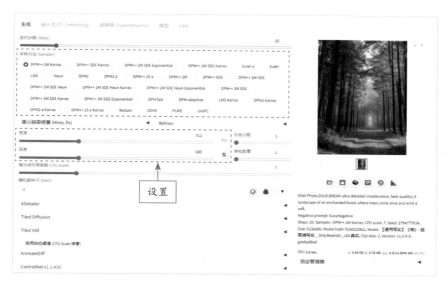

图 4-30　没有使用外挂 VAE 模型的出图效果

STEP 03 在"外挂 VAE 模型"列表框中选择相应的 VAE 模型，如图 4-31 所示。这是常用的 VAE 模型，它的出图效果接近于实际拍摄。

图 4-31　选择相应的 VAE 模型

STEP 04 保持生成参数不变，单击"生成"按钮，即可生成相应的图像。这是使用 VAE 模型的出图效果，画面就像是加了调色滤镜一样，看上去不会灰蒙蒙的，其整体的色彩饱和度更高、光影层次感更强，图像效果如图 4-32 所示。

> ● 专家指点
>
> 　　作为 Checkpoint 模型的一部分，VAE 模型并不像前面介绍的那几种模型可以很好地控制图像内容，它主要是对大模型生成的图像进行修复。
>
> 　　VAE 模型由一个编码器和一个解码器组成，常用于 AI 图像生成，它会出现在潜在扩散模型中。编码器用于将图片转换为低维度的潜在表征（latents），然后将该潜在表征作为 U-Net 模型的输入；相反，解码器则用于将潜在表征重新转换成图片形式。
>
> 　　在潜在扩散模型的训练过程中，编码器用于获取图片训练集的潜在表征，这些潜在表征用于前向扩散过程，每一步都会往潜在表征中增加更多噪声。
>
> 　　在推理生成时，由反向扩散过程生成的 denoised latents（经过去噪处理的潜在表征）被 VAE 模型的解码器部分转换成图像格式。因此，在潜在扩散模型的推理生成过程中，只会用到 VAE 模型的解码器部分。

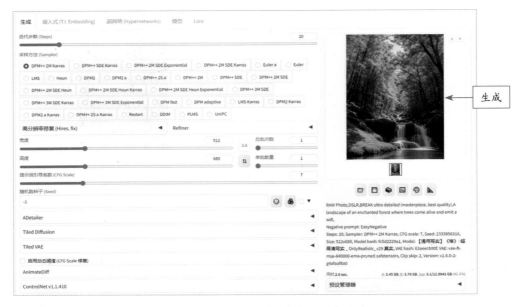

图 4-32　使用 VAE 模型生成的图像效果

4.2.5　模型 5：Lora 模型

Lora（Low-Rank Adaptation of Large Language Models）取的就是 Low-Rank Adaptation 这几个单词的开头，学名称为大型语言模型的低阶适应。

Lora 最初应用于大型语言模型（以下简称为大模型），因为直接对大模型进行微调，不仅成本高，而且速度慢，再加上大模型的体积庞大，因此性价比很低。Lora 通过冻结原始大模型，并在外部创建一个小型插件来进行微调，从而避免了直接修改原始大模型，这种方法不仅成本低、速度快，而且插件式的特点使它非常易于使用。

后来人们发现，Lora 在绘画大模型上表现非常出色，固定画风和人物样式的能力非常强大。只要是图片上的特征，Lora 都可以提取并训练，其作用包括对人物的脸部特征进行复刻、生成某一特定风格的图像、固定动作特征等。因此，Lora 的应用范围逐渐扩大，并迅速成为一种流行的 AI 绘画技术。

下面将介绍 Stable Diffusion 中的 Lora 模型应用技巧，包括下载 Lora 模型、使用 Lora 模型、混用不同的 Lora 模型。

1. 下载 Lora 模型

Lora 模型的数量非常多，可谓是百花齐放。以 LiblibAI 网站为例，在"模型广场"页面中的模型效果缩略图上，在左上角可以看到 LORA 字样，这个模型就是 Lora 模型。用户也可以在"筛选"菜单中单击 LORA 标签，如图 4-33 所示。

图 4-33　单击 LORA 标签

执行以上操作后，即可筛选出全部的 Lora 模型，在其中选择一个自己喜欢的 Lora 模型，如图 4-34 所示。

图 4-34　选择喜欢的 Lora 模型

▶ 专家指点

　　Lora 技术原用于解决大型语言模型的微调问题，如 GPT3.5 这类拥有 1750 亿量级参数的模型。有了 Lora，就可以将训练参数插入到模型的神经网络中，而无需全面微调。这种方法既可即插即用，又不会破坏原有模型，有助于提升模型的训练效率。

执行以上操作后，进入该 Lora 模型的详情页面，单击页面右侧的"下载"按钮，如图 4-35 所示，即可下载所选的 Lora 模型。

图 4-35　单击"下载"按钮

　　下载好 Lora 模型后，将其放入 Stable Diffusion 安装目录下的"sd-webui-aki-v4.4\models\Lora"文件夹中，同时将模型的效果图存放在该文件夹里，如图 4-36 所示。

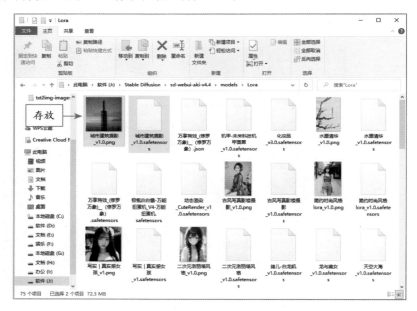

图 4-36　将 Lora 模型和效果图存放到相应文件夹里

> ▶ **专家指点**

　　如果用户想将自己的图片加入 Lora 模型中，首先需要收集足够多的图片作为训练数据。注意，数据准备的质量对最终模型的效果至关重要。如果你给模型提供的图片质量较低，那么模型生成的结果也将是低质量的。因此，尽量保证你的图片清晰、分辨率高且无遮挡。

　　其次，使用你收集的图片作为训练数据，训练一个新的模型并保存。具体训练过程取决于你使用的工具和模型架构，需要调整各种参数，如学习率、批次大小、训练轮次等，以获得最佳的训练效果。

2. 使用 Lora 模型

安装好 Lora 模型后，即可在 Stable Diffusion 中调用该 Lora 模型来生成图像，效果对比如图 4-37 所示。

图 4-37　图像效果对比

下面介绍使用 Lora 模型的操作方法。

STEP 01 进入"文生图"页面，选择一个写实类的大模型，输入相应的提示词，指定生成图像的画面内容，如图 4-38 所示。

图 4-38　输入相应的提示词

▶ **专家指点**

在 Lora 模型的提示词中，可以对其权重进行设置，具体可以查看每款 Lora 模型的介绍。需要注意的是，Lora 模型的权重值尽量不要大于 1，不然容易生成效果很差的图。大部分单个 Lora 模型的权重值可以设置为 0.6 ～ 0.9，能够提高出图质量。如果只想带一点点 Lora 模型的元素或风格，则将权重值设置为 0.3 ～ 0.6 即可。

STEP 02 适当设置生成参数，单击"生成"按钮，即可生成相应的图像，这是没有使用 Lora 模型的效果，画面元素不够丰富，效果如图 4-39 所示。

图 4-39　没有使用 Lora 模型生成的图像效果

STEP 03 切换至 Lora 选项卡，单击"刷新"按钮，即可显示新安装的 Lora 模型，选择相应的 Lora 模型，如图 4-40 所示。

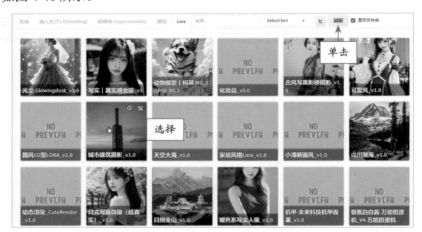

图 4-40　选择相应的 Lora 模型

STEP 04 执行操作后，即可将 Lora 模型添加到正向提示词输入框中，如图 4-41 所示。需要注意的是，有触发词的 Lora 模型一定要使用触发词，这样才能将相应的元素触发出来。

图 4-41　将 Lora 模型添加到正向提示词输入框中

STEP 05 保持生成参数不变，单击"生成"按钮，即可生成相应的图像，这是使用 Lora 模型后的效果，更能体现城市建筑的摄影风格，如图 4-42 所示。

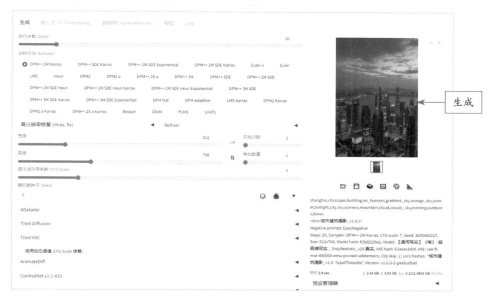

图 4-42　使用 Lora 模型后生成的图像效果

3. 混用不同的 Lora 模型

　　混用不同的 Lora 模型时要注意，不同的 Lora 模型对同一大模型的干扰程度都不一样，需要用户自行测试，图像效果对比如图 4-43 所示。

扫码看视频

图 4-43　图像效果对比

下面介绍混用不同的 Lora 模型的操作方法。

STEP 01 进入"文生图"页面，选择一个写实类的大模型，输入相应的提示词，切换至 Lora 选项卡，选择一个模拟城市建筑摄影风格的 Lora 模型，并将其权重值设置为 0.6，如图 4-44 所示。

图 4-44　添加一个 Lora 模型并设置其权重值

STEP 02 适当设置生成参数，单击"生成"按钮，生成相应的图像，画面能够体现出较强的城市建筑摄影风格，效果如图 4-45 所示。

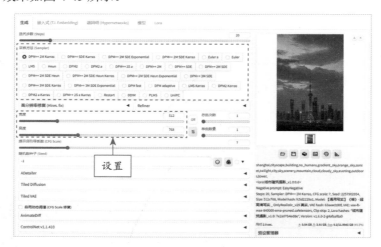

图 4-45　生成相应的图像效果

STEP 03 在 Lora 选项卡中再选择一个 Lora 模型，添加相应的 Lora 模型参数，并设置其权重值为 0.35，如图 4-46 所示。（注意，相同风格的两个 Lora 模型权重值相加最好不大于 1。）

图 4-46　再次添加一个 Lora 模型并设置其权重值

STEP 04 单击"生成"按钮，生成相应的图像。可以看到，图像不仅带有城市建筑摄影的风格，同时还带有更强的落日氛围感，图像效果如图 4-47 所示。

图 4-47　生成相应的图像效果

4.3　训练模型：优化 Stable Diffusion 模型

在 Stable Diffusion 中的各种模型可以帮助用户提高生成图像的质量、多样性和创新性。通过对模型的训练和优化处理，可以提高模型的生成能力和性能，使生成的图像更加逼真、细腻，具有更多的细节。本节将介绍一些常见的 Stable Diffusion 模型训练和优化技巧，如合并模型、转换模型、创建嵌入式模型、图像预处理和训练模型等。

4.3.1　技巧 1：合并模型

合并模型指的是通过加权混合多个学习模型，将其融合成为一个综合模型。简单来说，就是给每个模型分配一个权重，并将它们融合在一起。例如，本案例通过融合二次元风格和国风人物类的大模型，生成二次元国风人物图效果，如图 4-48 所示。

扫码看视频

图 4-48　效果展示

113

下面介绍在 Stable Diffusion 中合并模型的操作方法。

STEP 01 进入 Stable Diffusion 的"模型融合"页面，在"模型 A"列表框中选择一个二次元风格的大模型，如图 4-49 所示。

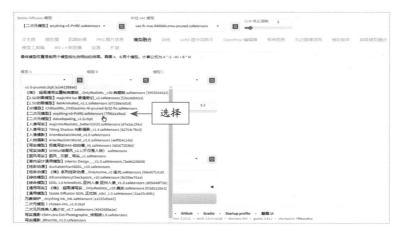

图 4-49　选择一个二次元风格的大模型

STEP 02 在"模型 B"列表框中选择一个国风人物类的大模型，并设置"自定义名称（可选）"为"二次元国风人物"，作为合并后的新模型名称，如图 4-50 所示。

图 4-50　设置"自定义名称（可选）"参数

STEP 03 单击"融合"按钮，即可开始合并选择的两个大模型，并显示合并进度，如图 4-51 所示。

图 4-51　显示合并进度

STEP 04 模型合并完成后，在右侧会显示输出后的新模型路径，可以看到新模型已自动保存在
Stable Diffusion 的主模型目录内，如图 4-52 所示。

图 4-52　显示合并后的新模型路径

STEP 05 进入"文生图"页面，在"Stable Diffusion 模型"列表框中选择刚刚合并的新模型，并
输入相应的提示词，指定生成图像的画面内容，如图 4-53 所示。

图 4-53　输入相应的提示词

STEP 06 两次单击"生成"按钮，即可生成兼具二次元风格和国风人物风格的图像，效果见
图 4-48。

▶ 专家指点

在"模型合并"页面中，相关参数的设置技巧如下。

- 模型 ABC：最少需要合并两个模型，最多可同时合并 3 个模型。
- 自定义名称（可选）：设置融合模型的名字，建议把两个模型和所占比例都加入到名称之
  中，如"Anything_v4.5_0.5_3Guofeng3_0.5"。（注意，如果用户没有设置该选项，则会
  默认使用模型 A 的文件名，并且会覆盖原来的模型 A 文件。）
- 融合比例（M）：模型 A 占比为（1－M）×100%，模型 B 占比为 M×100%。
- 融合算法：包括原样输出（结果＝A）、加权和（结果＝A×（1－M）＋B×M）、
  差额叠加（结果＝A＋（B－C）×M）3 种算法，合并两个模型时推荐使用加权和算法，
  合并 3 个模型时则只能使用差额叠加算法。
- 模型格式：ckpt 是默认格式，safetensors 格式可以理解为 ckpt 的升级版，拥有更快的 AI
  绘图生成速度，而且不会被反序列化攻击。
- 存储半精度（float16）模型：通过降低模型的精度来减少显存占用空间。
- 复制配置文件：建议选中"A、B 或 C"单选按钮，即可复制所有模型的配置文件。
- 嵌入 VAE 模型：嵌入当前的 VAE 模型，相当于给图像加上滤镜效果，但会增加模型的
  容量。
- 删除键名匹配该正则表达式的权重：可以理解为你想删除模型内的某个元素时，可以将其
  键值进行匹配删除。

4.3.2 技巧 2：转换模型

Stable Diffusion 包括两种模型序列化格式，即 ckpt 和 safetensors。ckpt 文件是用 pickle 序列化的，可能会包含恶意代码或不信任的模型来源，因此加载 ckpt 文件可能存在安全问题。safetensors 文件是用 numpy 保存的，只包含张量数据，没有任何代码，因此加载 safetensors 文件更安全和快速。

扫码看视频

> **专家指点**
>
> ckpt 文件通常使用 pickle 进行序列化，这是一种用于结构化数据序列化的格式，可以将 Python 对象转换为二进制格式，以便于存储和传输数据。
>
> 与之相对的是，safetensors 文件是一种使用 numpy 保存张量信息的文件格式。numpy 是 Python 中常用的科学计算库，可用于处理多维数组和矩阵等数据结构。张量是一种多维数组，可用于表示不同类型的数据，如图像、文本和语音等。safetensors 文件可以将张量信息保存为 numpy 格式的文件，以便在不同的程序和平台之间共享和使用。

下面介绍将 ckpt 格式的模型转换为 safetensors 格式的操作方法。

STEP 01 进入 Stable Diffusion 的"模型转换"页面，在"模型"列表框中选择要转换的大模型，输入相应的自定义名称，在"模型格式"选项组中仅选中 safetensors 复选框，如图 4-54 所示。

图 4-54　选中 safetensors 复选框

STEP 02 单击"运行"按钮，即可开始转换模型格式，并显示相应的转换速度和时间，如图 4-55 所示。

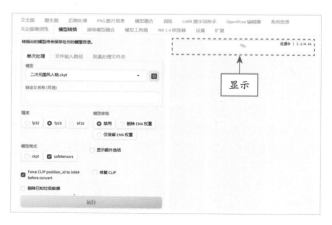

图 4-55　显示相应的转换速度和时间

STEP 03 稍等片刻，即可完成模型的转换，并显示转换后的模型保存路径，如图 4-56 所示。

图 4-56　显示转换后的模型保存路径

4.3.3　技巧 3：创建嵌入式模型

扫码看视频

嵌入式模型通常指的是将模型嵌入到硬件设备或系统中，以实现实时或离线应用。需要注意的是，在模型的优化和集成过程中，可能需要进行多次迭代和调试，以获得最佳的性能和效果。

下面介绍在 Stable Diffusion 中创建嵌入式模型的操作方法。

STEP 01 进入"训练"页面中的"创建嵌入式模型"选项卡，设置"名称"为 moxing1、"每个词元的向量数"为 6，如图 4-57 所示。

图 4-57　设置相应参数

> ▶ 专家指点

在 Stable Diffusion 中，每个词元（token）的向量数取决于预训练模型的架构和输入数据的特性。通常情况下，预训练语言模型使用 Transformer 架构，每个词元会被转换为固定长度的向量表示。

在 Transformer 架构中，每个词元会被分割成一个单词序列，每个单词被表示为一个向量。这些向量通常具有不同的长度，但经过填充操作后，它们会被调整为相同的长度。

对于输入数据，如文本或图像，每个输入也会被转换为一系列向量。这些向量可以是文本中的词元向量，也可以是图像中的像素向量。另外，对于图像输入，通常会使用 CNN（Convolutional Neural Network，卷积神经网络）或其他图像处理技术来提取特征向量。

STEP 02 单击"创建嵌入式模型"按钮，页面右侧会显示嵌入式模型的保存路径，表示嵌入式模型创建成功，如图 4-58 所示。

图 4-58　嵌入式模型创建成功

4.3.4　技巧 4：图像预处理

图像预处理可以提高模型训练的效率和稳定性，同时也可以提高模型的生成质量和性能。图像预处理操作可以提取图像的特征，为模型提供更有代表性的输入信息，从而提高模型的性能和准确性。

扫码看视频

下面介绍图像预处理的操作方法。

STEP 01 在 Stable Diffusion 的根目录下新建一个 train 文件夹，在其中创建 3 个子文件夹，子文件夹的名称建议与嵌入式模型设置相同，以便于识别，如图 4-59 所示。

STEP 02 打开刚创建的最后一个子文件夹，在其中创建两个图像文件夹，如图 4-60 所示，并将需要训练的图片放入 mongxing1in 文件夹中。

图 4-59　创建 3 个子文件夹

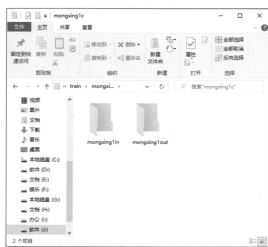

图 4-60　创建两个图像文件夹

STEP 03 在"训练"页面中，切换至"图像预处理"选项卡，在"源目录"文本框中输入 mongxing1in 文件夹的路径，在"目标目录"文本框中输入 mongxing1out 文件夹的路径，在页面下方同时选中"创建水平翻转副本"（用于建立镜像副本）和"使用 BLIP 生成标签（自然语言）"复选框，单击"预处理"按钮，即可显示预处理进度，如图 4-61 所示。

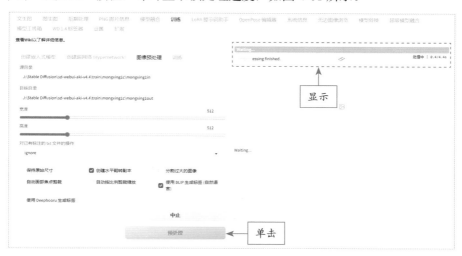

图 4-61　显示预处理进度

STEP 04 当页面右侧显示 Preprocessing finished（预处理完成）的提示信息时，说明预处理已经成功，如图 4-62 所示。

图 4-62　成功完成预处理

▶ 专家指点

　　BLIP（Basic Language Inference Paradigm，基本语言推理范式）是一种用于自然语言处理和语言推理的模型，它可以生成标签来描述文本中的信息。BLIP 生成标签的效果受到多种因素的影响，如数据集质量、预处理质量、模型参数设置等。因此，在使用 BLIP 生成标签时，需要根据具体情况进行优化和调整。

4.3.5 技巧 5：训练模型

扫码看视频

在 Stable Diffusion 中，训练模型的过程又被称为"炼丹"，这是因为基于深度学习技术的模型训练过程与"炼丹"有相似之处。训练模型是指使用原始数据，按照神经网络的规定法则通过计算框架进行提炼，从而得到一个远小于数据数倍的模型。

完成 4.3.3 节和 4.3.4 节中的操作后，接下来即可开始训练模型，具体操作方法如下。

STEP 01 在"训练"页面中，切换至"训练"选项卡，在"嵌入式模型（Embedding）"列表框中选择前面创建的嵌入式模型，在"数据集目录"文本框中输入 mongxing1out 文件夹的路径，在"提示词模板"列表框中选择 style_filewords.txt（包含主题文件和单词的文本文件）选项，相关设置如图 4-63 所示。

STEP 02 在页面下方继续设置"最大步数"为 10000（表示完成这么多步骤后训练将停止），选中"进行预览时，从文生图选项卡中读取参数（提示词等）"复选框，用于读取文生图中的参数信息，相关设置如图 4-64 所示。

图 4-63　选择 style_filewords.txt 选项

图 4-64　选中相应复选框

STEP 03 设置完成后，进入"文生图"页面，选择一个适合的大模型，并输入一些简单的提示词，如图 4-65 所示。

图 4-65　输入一些简单的提示词

STEP 04 返回"训练"页面，单击"训练嵌入式模型"按钮，如图 4-66 所示，即可开始训练模型，时间会比较长，10000 步左右的训练通常需要耗时 90 分钟左右。

图 4-66 单击"训练嵌入式模型"按钮

STEP 05 训练完成后，可以在扩展模型中切换至"嵌入式（T.I. Embedding）"选项卡，在其中即可查看训练好的嵌入式模型，如图 4-67 所示。用户在进行文生图或图生图操作时，可以直接选择该模型进行绘图。

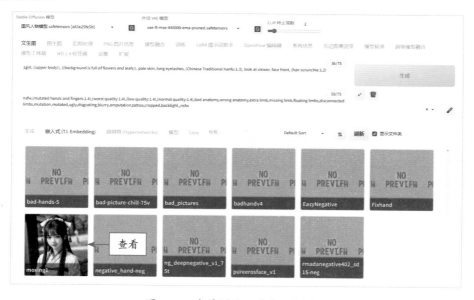

图 4-67 查看训练好的嵌入式模型

▶ 专家指点

　　在模型的训练过程中，每隔 500 步，页面右侧会显示出训练的模型效果预览图，如图 4-68 所示，如果用户觉得满意，可以单击"中止"按钮来结束训练；如果不满意，可以让训练操作继续执行。通常需要到 10000 步左右才有可能出现比较不错的出图效果，有些配置差的计算机可能要到 30000 步左右。

图 4-68　显示出训练的模型效果预览图

第5章

扩展插件：更加精准地控制出图效果

章前知识导读

Stable Diffusion 中的扩展插件可以提供更多的功能和更细致的绘画控制能力，以实现更复杂的图像生成和处理效果。本章主要介绍 Stable Diffusion 扩展插件的使用技巧，帮助大家更精准地控制 AI 的出图效果。

新手重点索引

- 安装插件：掌握 ControlNet 和模型的配置流程
- 控制类型：ControlNet 的控图技巧和使用场景
- 其他插件：提升 AI 绘画的出图质量和效率

效果图片欣赏

5.1 安装插件：掌握 ControlNet 和模型的配置流程

ControlNet 是一个用于准确控制 AI 生成图像的插件，它利用条件生成对抗网络（Conditional Generative Adversarial Networks）技术来生成图像，以获得更好的视觉效果。与传统的生成对抗网络（Generative Adversarial Networks，GAN）技术不同，ControlNet 允许用户对生成的图像进行精细控制，因此在计算机视觉、艺术设计、虚拟现实等领域非常有用。

简单来说，在 ControlNet 出现之前，通常是无法准确预测 AI 会生成什么样的图像，就像抽奖一样不确定，这也是 Midjourney 等 AI 绘画工具的不足。ControlNet 出现之后，便可以通过各种模型准确地控制 AI 生成的画面，如上传线稿让 AI 填充颜色并渲染、控制人物的姿势等。因此，ControlNet 的作用非常强大，是 Stable Diffusion 的必备插件之一。

本节主要以 ControlNet 为例，介绍在 Stable Diffusion 中安装插件的基本配置流程。ControlNet 是一种基于 Stable Diffusion 的扩展插件，它可以能够更灵活和细致的控制图像。掌握 ControlNet 插件的使用方法，能够帮助你更好地实现图像处理的创意效果，让你的 AI 绘画作品更加生动、逼真和具有感染力。

5.1.1 流程 1：更新 Stable Diffusion WebUI 版本

在安装 ControlNet 插件之前，需要先在 Stable Diffusion 的启动器中将 Stable Diffusion WebUI 更新（切换）到最新版本，这样可以避免使用该插件时报错。下面以"绘世"启动器为例，介绍更新 Stable Diffusion WebUI 版本的操作方法。

扫码看视频

STEP 01 打开"绘世"启动器程序，在主界面左侧单击"版本管理"按钮，如图 5-1 所示。

图 5-1 单击"版本管理"按钮

▶ **专家指点**

Stable Diffusion WebUI，大家习惯将其简称为 WebUI，它是一个使用 Stability AI 算法制作的开源软件，让用户可以通过浏览器来操作 Stable Diffusion。这个开源软件不仅插件齐全、易于使用，而且可以随时得到更新和支持。Stable Diffusion WebUI 的运行环境基于 Python 语言，因此需要一定的编程知识进行操作。

STEP 02 执行操作后，进入"版本管理"界面，在"稳定版"列表中选择最新的版本，如 1.6.1 版，单击右侧的"切换"按钮，弹出信息提示框，单击"确定"按钮，即可更新为最新版本（所更新版本右侧的"切换"按钮会被隐藏），如图 5-2 所示。

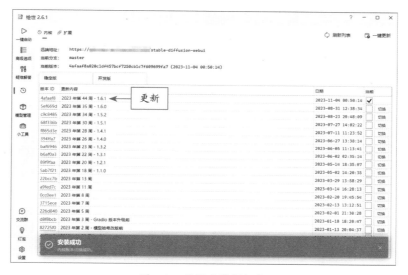

图 5-2　更新为最新版本

5.1.2　流程 2：安装 ControlNet 插件

如果用户使用的是"秋叶整合包"安装的 Stable Diffusion，通常可以在"文生图"或"图生图"页面的生成参数下方看到 ControlNet 插件，如图 5-3 所示。

扫码看视频

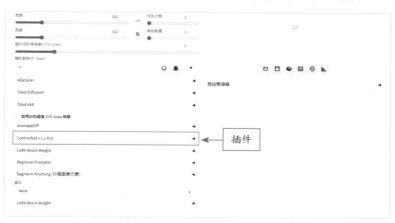

图 5-3　ControlNet 插件的位置

▶ 专家指点

ControlNet 的原理是通过控制神经网络块的输入条件，来调整神经网络的行为。简单来说，ControlNet 能够根据上传的图片提取某些特征，然后控制 AI，根据这个特征生成想要的图片，这就是它的强大之处。

如果用户在此处没有看到 ControlNet 插件，则需要重新下载和安装该插件，具体操作方法如下。

STEP 01 进入 Stable Diffusion 中的"扩展"页面，切换至"可下载"选项卡，单击"加载扩展列表"按钮，如图 5-4 所示。

图 5-4 单击"加载扩展列表"按钮

STEP 02 执行操作后，即可加载扩展列表，在搜索框中输入 ControlNet，即可在下方的列表中显示相应的 ControlNet 插件，单击右侧的"安装"按钮，如图 5-5 所示，即可自动安装。（注意，如果计算机中已经安装了 ControlNet 插件，则列表中可能不会显示该插件。）

图 5-5 单击"安装"按钮

ControlNet 插件安装完成后，需要重启 WebUI。应该注意的是，必须完全重启 WebUI，如果用户是从本地启动的 WebUI，需要重启 Stable Diffusion 的启动器；如果用户使用的是云端部署，则需要暂停 Stable Diffusion 的运行后，再重新开启 Stable Diffusion。

5.1.3 流程 3：下载 ControlNet 模型

首次安装 ControlNet 插件后，在"模型"列表框中是看不到任何模型的，因为 ControlNet 的模型需要单独下载，只有下载 ControlNet 必备的模型后，才能

扫码看视频

正常使用 ControlNet 插件的相关功能。下面介绍下载与安装 ControlNet 模型的操作方法。

STEP 01 在 Huggingface 网站中进入 ControlNet 模型的下载页面，单击相应模型栏中的 Download file（下载文件）按钮 ↓，如图 5-6 所示，即可下载模型。注意，这里必须要下载后缀名为 .pth 的文件，文件大小一般为 1.45GB。

图 5-6　单击 Download file 按钮

▶ 专家指点

　　在下载 ControlNet 模型时，需要注意文件名中 V11 后面的字母。其中，字母 p 表示该版本可供下载和使用；字母 e 表示该版本正在进行测试；字母 u 表示该版本尚未完成。

STEP 02 ControlNet 模型下载完成后，将模型文件存放到 Stable Diffusion 安装目录下的"sd-webui-aki-v4.4\extensions\sd-webui-controlnet\models"文件夹中，即可完成 ControlNet 模型的安装，如图 5-7 所示。

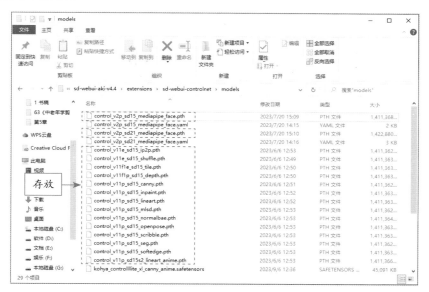

图 5-7　将模型文件存放到相应文件夹

▶ 专家指点

当 ControlNet 模型下载并安装完成后，再次启动 Stable Diffusion WebUI，即可看到已经安装好的 ControlNet 模型了。如果用户是第一次安装 ControlNet 插件，可能有 1 个或 2 个单元（unit），若想要更多的 ControlNet 单元，可以进入"设置"页面，切换至 ControlNet 选项卡，适当设置"多重 Controlnet: ControlNet unit 数量（需重启）"参数，如图 5-8 所示。

图 5-8　设置"多重 Controlnet: ControlNet unit 数量（需重启）"参数

最多可以开启 10 个 ControlNet 单元，但一般不用那么多，而且 10 个 ControlNet 单元可能会导致绘图时显卡崩溃，正常情况下只需开启 3 ～ 5 个 ControlNet 单元即可。

5.2　控制类型：ControlNet 的控图技巧和使用场景

ControlNet 中的控制类型非常多，而且每种类型都有其独特的特点，对于新手来说，完全记住这些控制类型可能会有些困难。因此，本节将介绍一些常用的 ControlNet 控制类型的特点，并提供展示效果图，帮助大家更好地学习 ControlNet 的控图技巧和使用场景。

5.2.1　类型 1：Canny（硬边缘）

Canny 用于识别输入图像的边缘信息，从而提取出图像中的线条。通过 Canny 将上传的图片转换为线稿，可以根据关键词生成与上传图片具有相同构图的新画面，原图与新图的效果对比如图 5-9 所示。

扫码看视频

图 5-9　原图与新图的效果对比

下面介绍使用 Canny 控图的操作方法。

STEP 01 进入"文生图"页面，选择一个二次元风格的大模型，输入相应的提示词，指定生成图像的风格和主体内容，如图 5-10 所示。

图 5-10　输入相应的提示词

▶ 专家指点

　　在 Canny 控制类型中，除了 canny 预处理器外，还有一个 invert（对白色背景黑色线条图像反相处理）预处理器。该预处理器的功能是将线稿进行颜色反转，可以轻松实现将手绘线稿转换成模型可识别的预处理线稿图。

STEP 02 展开 ControlNet 选项区，上传一张原图，分别选中"启用"复选框（启用 ControlNet插件）、"完美像素模式"复选框（自动匹配合适的预处理器分辨率）、"允许预览"复选框（预览预处理结果），如图 5-11 所示。

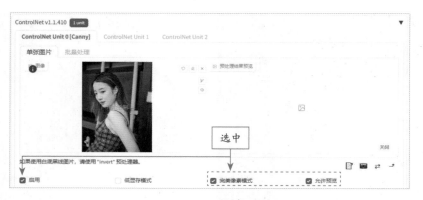

图 5-11　分别选中相应的复选框

STEP 03 在 ControlNet 选项区下方，选中"Canny（硬边缘）"单选按钮，系统会自动选择 canny（硬边缘检测）预处理器，在"模型"列表中选择配套的 control_canny-fp16 [e3fe7712] 模型，该模型可以识别并提取图像中的边缘特征，并输送到新的图像中，单击 Run Preprocessor（运行预处理程序）按钮 ✖，如图 5-12 所示。

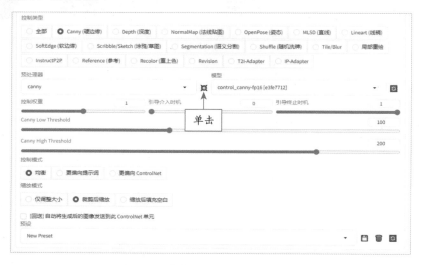

图 5-12　单击 Run Preprocessor 按钮

STEP 04 执行操作后，即可根据原图的边缘特征生成线稿图，如图 5-13 所示。

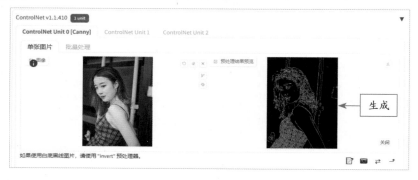

图 5-13　生成线稿图

STEP 05 对生成参数进行适当调整，主要将图像尺寸调整为与原图一致，如图 5-14 所示。

图 5-14　调整相应参数

STEP 06 单击"生成"按钮，即可生成相应的新图，人物的姿态和构图基本与原图一致，效果见图 5-9（右）。

5.2.2　类型 2：MLSD（直线）

MLSD 可以提取图像中的直线边缘，被广泛应用于需要提取物体线性几何边界的领域，如建筑设计、室内设计和路桥设计等，原图与新图的效果对比如图 5-15所示。

图 5-15　原图与新图的效果对比

下面介绍使用 MLSD 控图的操作方法。

STEP 01 进入"文生图"页面，选择一个室内设计的通用大模型，输入相应的提示词，指定生成图像的画面内容，如图 5-16 所示。

图 5-16　输入相应的提示词

STEP 02 展开 ControlNet 选项组，上传一张原图，分别选中"启用"复选框、"完美像素模式"
复选框、"允许预览"复选框，如图 5-17 所示。注意，相关选项的作用前面已经解释过，此处和
后面将不再赘述。

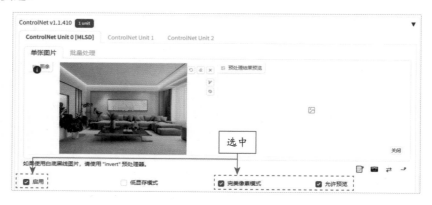

图 5-17　分别选中相应的复选框

STEP 03 在 ControlNet 选项组下方，选中"MLSD（直线）"单选按钮，系统会自动选择"预处
理器"列表中的"mlsd（M-LSD 直线线条检测）"，在"模型"列表中选择配套的 control_mlsd-
fp16 [e3705cfa] 模型，如图 5-18 所示，该模型只会保留画面中的直线特征，而忽略曲线特征。

图 5-18　选择相应的预处理器和模型

STEP 04 单击 Run Preprocessor 按钮 ☒，即可根据原图的直线边缘特征生成线稿图，如图 5-19 所示。

图 5-19　生成线稿图

STEP 05 对生成参数进行适当调整，主要选择一种写实风格的"采样方法"，并将图像尺寸设置为与原图一致，如图 5-20 所示。

图 5-20　调整相应参数

STEP 06 单击"生成"按钮，即可生成相应的新图，与原图的构图和布局基本一致，效果如图 5-15（右）所示。

▶ **专家指点**

　　需要注意的是，Stable Diffusion 中有很多看似相同的选项名称，可能在不同位置的大小写、中文解释和功能都不相同，这是因为它用到的文件不一样。例如，MLSD 的控制类型名称为"MLSD（直线）"，预处理器文件的名称为"mlsd（M-LSD 直线线条检测）"，而用到的具体模型文件名称为 control_mlsd-fp16 [e3705cfa]。

5.2.3 类型 3：NormalMap（法线贴图）

扫码看视频

NormalMap 可以从原图中提取 3D（Three Dimensions，三维）物体的法线向量，绘制的新图与原图的光影效果完全相同，原图与新图的效果对比如图 5-21 所示。NormalMap 可以实现在不改变物体真实结构的基础上也能反映光影分布的效果，被广泛应用在 CG（Computer Graphics，计算机图形学）动画渲染和游戏制作等领域。

图 5-21 原图与新图的效果对比

下面介绍使用 NormalMap 控图的操作方法。

STEP 01 进入"文生图"页面，选择一个综合类的大模型，输入相应的提示词，指定生成图像的画面内容，如图 5-22 所示。

图 5-22 输入相应的提示词

STEP 02 展开 ControlNet 选项组，上传一张原图，分别选中"启用"复选框、"完美像素模式"复选框、"允许预览"复选框，如图 5-23 所示。

图 5-23　分别选中相应的复选框

STEP 03 在 ControlNet 选项组下方，选中"NormalMap（法线贴图）"单选按钮，并分别选择 normal_bae（Bae 法线贴图提取）预处理器和相应的模型，如图 5-24 所示，该模型会根据画面中的光影信息，模拟出物体表面的凹凸细节，准确地还原画面的内容布局。

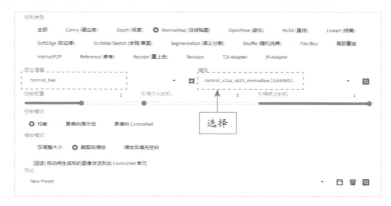

图 5-24　分别选择相应的"预处理器"和"模型"

▶ 专家指点

　　NormalMap 常用于呈现物体表面更为逼真的光影细节。通过本案例中的原图和新图的效果对比，可以清楚地看到，在应用了 NormalMap 进行控图后，生成图像中的光影效果得到了显著增强。

STEP 04 单击 Run Preprocessor（运行预处理器）按钮 ，即可根据原图的法线向量特征生成法线贴图，如图 5-25 所示。

图 5-25　生成法线贴图

STEP 05 对生成参数进行适当调整，主要选择一种写实风格的"采样方法"，并将图像尺寸调整为与原图一致，如图 5-26 所示。

图 5-26　调整相应参数

STEP 06 单击"生成"按钮，即可生成立体感很强的新图，同时通过提示词改变了画面的背景细节，效果如图 5-21 右图所示。

5.2.4　类型 4：OpenPose（姿态）

OpenPose 主要用于控制人物的肢体动作和表情特征，它被广泛运用于人物图像的绘制，原图与新图的效果对比如图 5-27 所示。

扫码看视频

图 5-27　原图与新图的效果对比

下面介绍使用 OpenPose 控图的操作方法。

STEP 01 进入"文生图"页面，选择一个写实类的大模型，输入相应的提示词，指定生成图像的画面内容，如图 5-28 所示。

图 5-28 输入相应的提示词

STEP 02 展开 ControlNet 选项组，上传一张原图，分别选中"启用"复选框、"完美像素模式"复选框、"允许预览"复选框，如图 5-29 所示。

图 5-29 分别选中相应的复选框

STEP 03 在 ControlNet 选项组下方，选中"OpenPose（姿态）"单选按钮，并分别选择 openpose_hand（OpenPose 姿态及手部）预处理器和相应的模型，如图 5-30 所示，该模型可以通过姿势识别实现对人体动作的精准控制。

图 5-30 分别选择相应的"预处理器"和"模型"

▶ **专家指点**

OpenPose 的主要特点是能够检测到人体结构的关键点，如头部、肩膀、手肘、膝盖等部位，同时忽略人物的服饰、发型、背景等细节元素。

STEP 04 单击 Run Preprocessor（运行预处理器）按钮 ✿，即可检测人物的姿态和手部动作，并生成相应的骨骼姿势图，如图 5-31 所示。

图 5-31　生成骨骼姿势图

STEP 05 对生成参数进行适当调整，主要选择一种写实风格的"采样方法"，并将图像尺寸调整为与原图一致，如图 5-32 所示。

图 5-32　调整相应参数

STEP 06 单击"生成"按钮，即可生成与原图人物姿势相同的新图，同时画面中的人物外观和背景都变成了提示词中描述的内容，效果见图 5-27（右）。

5.2.5　类型 5：Scribble/Sketch（涂鸦 / 草图）

扫码看视频

Scribble/Sketch 具有根据涂鸦或草图绘制精美图像效果的能力，对于那些没有手绘基础或缺乏绘画天赋的人来说，无疑是一个巨大的福音。Scribble/Sketch 检测生成的预处理图像就像是蜡笔涂鸦的线稿，在控图效果上更加自由，原图与新图的效果对比如图 5-33 所示。

Stable Diffusion AI 绘画全面贯通
生成参数＋提示词库＋模型训练＋插件扩展

图 5-33　原图与新图的效果对比

下面介绍使用 Scribble/Sketch 控图的操作方法。

STEP 01 进入"文生图"页面，选择一个写实类的大模型，输入相应的提示词，指定生成图像的画面内容，如图 5-34 所示。

图 5-34　输入相应的提示词

STEP 02 展开 ControlNet 选项组，单击"打开新画布"按钮 ，如图 5-35 所示。

图 5-35　单击"打开新画布"按钮

STEP 03 执行操作后，即可展开"打开新画布"选项组，适当设置新画布的宽度和高度，单击"创建新画布"按钮，如图 5-36 所示。

图 5-36　单击"创建新画布"按钮

STEP 04 执行操作后，即可创建一个空白的新画布，适当调整画笔的笔触颜色和大小，在空白画布上进行涂鸦，画出相应的图像，如图 5-37 所示。如果用户的计算机带有手绘板，也可以用手绘板进行涂鸦，绘画效果会更好一些。

图 5-37　在空白画布上进行涂鸦

STEP 05 用户也可以单击 × 按钮关闭画布，上传一张原图，分别选中"启用"复选框、"完美像素模式"复选框、"允许预览"复选框，如图 5-38 所示。

图 5-38　分别选中相应的复选框

STEP 06 在 ControlNet 选项组下方，选中 Scribble/Sketch（涂鸦 / 草图）单选按钮，并分别选择scribble_xdog（涂鸦 强化边缘）预处理器和相应的模型，如图 5-39 所示。xdog 是一种经典的图像边缘提取算法，能保持较好的线稿控制效果。

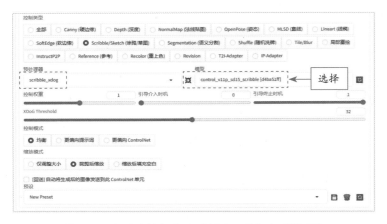

图 5-39　分别选择相应的"预处理器"和"模型"

STEP 07 单击 Run Preprocessor（运行预处理器）按钮 ❈，即可检测原图的轮廓线，并生成涂鸦画，如图 5-40 所示。

图 5-40　生成涂鸦画

STEP 08 对生成参数进行适当调整，主要选择一种写实风格的"采样方法"，并将图像尺寸调整为与原图一致，如图 5-41 所示。

图 5-41　调整相应参数

STEP 09 单击"生成"按钮，即可根据涂鸦的线稿生成相应的人物图像，在保持画面基本内容不变的同时，人物的细节部分与提示词中描述的内容基本一致，效果见图 5-33（右）。

5.2.6　类型 6：Segmentation（语义分割）

扫码看视频

Segmentation 的完整名称是 Semantic Segmentation（语义分割），一般简称为 Seg。Segmentation 是深度学习技术的一种应用，它能够在识别物体轮廓的同时，将图像划分成不同的部分，同时为这些部分添加语义标签，这将有助于实现更为精确的控图效果，原图与新图的效果对比如图 5-42 所示。

图 5-42　原图与新图的效果对比

下面介绍使用 Segmentation 控图的操作方法。

STEP 01 进入"文生图"页面，选择一个综合类的大模型，输入相应的提示词，指定生成图像的画面内容，如图 5-43 所示。

图 5-43　输入相应的提示词

STEP 02 在 Lora 选项卡中选择一个模拟航拍效果的 Lora 模型，添加到提示词的后面，并适当设置 Lora 模型的权重值，如图 5-44 所示，让画面呈现出航拍的风格。

图 5-44　设置 Lora 模型的权重值

STEP 03 展开 ControlNet 选项组，上传一张原图，分别选中"启用"复选框、"完美像素模式"复选框、"允许预览"复选框，如图 5-45 所示。

图 5-45　分别选中相应的复选框

STEP 04 在 ControlNet 选项组下方，选中 Segmentation（语义分割）单选按钮，并分别选择 seg_ofade20k（语义分割 -OneFormer 算法 -ADE20k 协议）预处理器和相应的模型，如图 5-46 所示，该模型会将一个标签（或类别）与图像关联起来，用来识别并形成不同类别的像素集合。

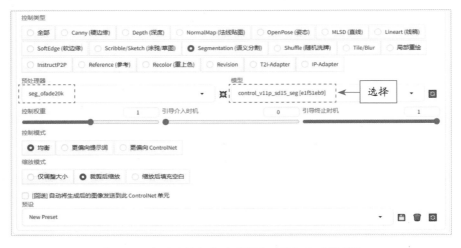

图 5-46　分别选择相应的"预处理器"和"模型"

　　Seg 提供了 3 种预处理器，分别为 seg_ofade20k、seg_ofcoco、seg_ufade20k，如图 5-47 所示。其中，前缀 OneFormer 和 UniFormer 表示的是算法，后缀 ADE20k 和 COCO 则表示模型训练时使用的两种图片数据库。

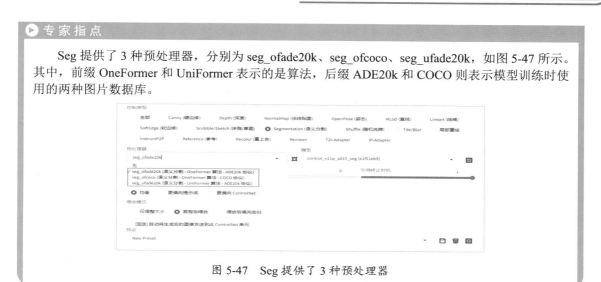

图 5-47　Seg 提供了 3 种预处理器

STEP 05 单击 Run Preprocessor（运行预处理器）按钮 ✿，经过 Seg 预处理器检测后，即可生成包含了不同颜色的板块图，如图 5-48 所示。

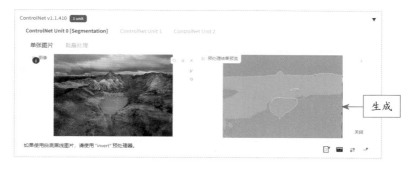

图 5-48　生成包含了不同颜色的板块图

STEP 06 对生成参数进行适当调整，主要选择一种写实风格的"采样方法"，并将图像尺寸调整为与原图一致，如图 5-49 所示。

图 5-49　调整相应参数

STEP 07 单击"生成"按钮，即可生成相应的新图，并根据不同颜色的板块图来还原画面的内容，同时根据提示词的描述改变画面风格，效果如图 5-42 右图所示。

5.2.7 类型 7：Depth（深度）

Depth 能够从图像中提取物体的前景和背景关系，并生成深度图，在图像中前后物体关系不明显的情况下，可以利用该模型进行辅助控制。例如，通过深度图可以有效还原画面中的空间景深关系，原图与新图的效果对比如图 5-50 所示。

图 5-50 原图与新图的效果对比

下面介绍使用 Depth 控图的操作方法。

STEP 01 进入"文生图"页面，选择一个综合类的大模型，输入相应的提示词，指定生成图像的画面内容，如图 5-51 所示。

图 5-51 输入相应的提示词

STEP 02 展开 ControlNet 选项组，上传一张原图，分别选中"启用"复选框、"完美像素模式"复选框、"允许预览"复选框，如图 5-52 所示。

图 5-52　分别选中相应的复选框

STEP 03 在 ControlNet 选项组下方，选中"Depth（深度）"单选按钮，并分别选择 depth_leres++（LeReS 深度图估算 ++）预处理器和相应的模型，如图 5-53 所示，该模型能够提取出细节层次非常丰富的深度图。

图 5-53　分别选择相应的"预处理器"和"模型"

STEP 04 单击 Run Preprocessor（运行预处理器）按钮，即可生成深度图，比较完美地还原了场景中的景深关系，如图 5-54 所示。

图 5-54　生成深度图

> ▶ 专家指点
>
> 　　深度图又称为距离影像，是一种以像素值表示图像采集器到场景中各点距离（深度）的图像，能够直观地反映图像中物体的三维深度关系。对于了解三维动画知识的人来说，深度图应该并不陌生，这类图像仅包含黑白两种颜色，靠近镜头的物体颜色较浅（偏白色），而远离镜头的物体颜色则较深（偏黑色）。
>
> 　　Depth 的预处理器有 4 种，即 depth_leres、depth_leres++、depth_midas、depth_zoe。depth_leres++ 是 depth_leres 的升级版，提取细节层次的能力会更强一些；depth_midas 和 depth_zoe 则更适合处理复杂场景，能够强化画面前后的景深层次感。

STEP 05 对生成参数进行适当调整，主要选择一种写实风格的"采样方法"，并将图像尺寸调整为与原图一致，如图 5-55 所示。

图 5-55　调整相应参数

STEP 06 单击"生成"按钮，即可根据深度图中的灰阶色值反馈的区域元素前后关系生成相应的新图，效果如图 5-50 右图所示。

5.2.8　类型 8：Inpaint（局部重绘）

扫码看视频

　　Inpaint 相当于更换了 Stable Diffusion 中的原生图生图功能的算法，但使用时仍然会受到重绘范围等参数的制约。例如，在图 5-56 的示例中，采用了较低的重绘范围，实现了给人物更换发色的效果，而且原图中的人物发型得到了比较准确的重现，原图与新图的效果对比如图 5-56 所示。

　　相较于传统的图生图功能，Inpaint 能够更出色地实现重绘区域与整体画面的融合，从而使整体图像看起来更加和谐、统一。此外，通过调整权重，Inpaint 能够使画面遮罩以外的地方发生微小的变化，以实现更出色的整体出图效果。因此，Inpaint 在图像修复、插值生成等方面展现出了广泛的应用前景。

图 5-56　原图与新图的效果对比

下面介绍使用 Inpaint 控图的操作方法。

STEP 01 进入"文生图"页面，选择一个写实类的大模型，输入相应的提示词，只需描述局部重绘的内容即可，如图 5-57 所示。

图 5-57　输入相应的提示词

STEP 02 展开 ControlNet 选项组，上传一张原图，分别选中"启用"复选框、"完美像素模式"复选框、"允许预览"复选框，如图 5-58 所示。

图 5-58　分别选中相应的复选框

STEP 03 在 ControlNet 选项组下方，选中"局部重绘"单选按钮，并分别选择 inpaint_only（仅局部重绘）预处理器和相应的模型，如图 5-59 所示，该模型能够很好地处理局部重绘时的接缝处图像部分。

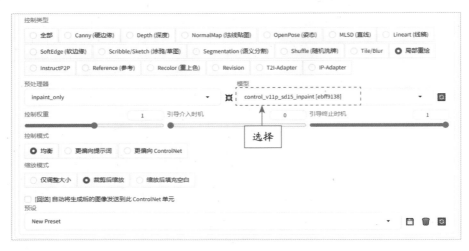

图 5-59　分别选择相应的"预处理器"和"模型"

▶ 专家指点

　　Inpaint 中提供了 3 种预处理器，即 inpaint_global_harmonious（重绘全局融合算法）、inpaint_only 和 inpaint_only+lama（仅局部重绘＋大型蒙版）。三者的整体出图效果差异不大，但在环境融合效果上 inpaint_global_harmonious 的处理效果最佳，inpaint_only 次之，inpaint_only+lama 则最差。

STEP 04 将鼠标指针移至原图上，按住 Alt 键的同时，向上滚动鼠标滚轮，即可放大图像，使用画笔涂抹需要重绘的部分，如图 5-60 所示。

图 5-60　涂抹需要重绘的部分

STEP 05 对生成参数进行适当调整，主要选择一种写实风格的"采样方法"，并将图像尺寸调整为与原图一致，如图 5-61 所示。

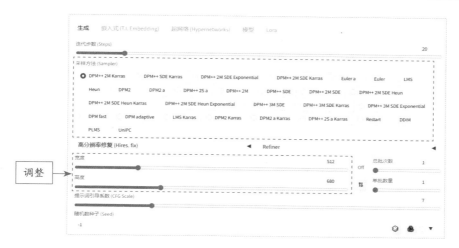

图 5-61　调整相应参数

STEP 06 单击"生成"按钮，即可生成相应的新图，同时人物的头发颜色变成了紫色，效果如图 5-56 右图所示。

5.3　其他插件：提升 AI 绘画的出图质量和效率

Stable Diffusion 中的扩展插件丰富，而且功能多种多样，能够帮助用户提升 AI 绘画的出图质量和效率。本节将介绍一些比较实用的扩展插件，能够帮助大家更好地发挥出 Stable Diffusion 的绘图效果。

5.3.1　插件 1：自动翻译提示词

Stable Diffusion 的提示词通常都是一大段英文，对于英文水平不好的用户来说比较麻烦，其实用户可以使用一个自动翻译提示词的插件来解决这个难题。本案例最终效果如图 5-62 所示。

扫码看视频

图 5-62　效果展示

下面介绍使用自动翻译提示词插件的操作方法。

STEP 01 进入"扩展"页面，切换至"可下载"选项卡，单击"加载扩展列表"按钮，搜索 prompt-all 插件（全称为 prompt-all-in-one），单击相应插件右侧的"安装"按钮，如图 5-63 所示。

图 5-63　单击"安装"按钮

STEP 02 插件安装完成后，切换至"已安装"选项卡，单击"应用更改并重启"按钮，如图 5-64 所示，重启 WebUI。

图 5-64　单击"应用更改并重启"按钮

STEP 03 进入"文生图"页面，可以看到提示词输入框的下方显示了自动翻译插件，单击"设置"按钮 🌣，在弹出的工具栏中单击"翻译接口"按钮 ☁，如图 5-65 所示。

图 5-65　单击"翻译接口"按钮

STEP 04　执行上一步操作后，弹出相应的对话框，单击"翻译接口"右侧的下拉按钮 🔽，如图 5-66 所示。

STEP 05　执行上一步操作后，在弹出的下拉列表框中可以选择相应的翻译接口，如这里使用的百度翻译，如图 5-67 所示，用户也可以更换为自己喜欢的其他翻译接口，单击"保存"按钮保存设置即可。

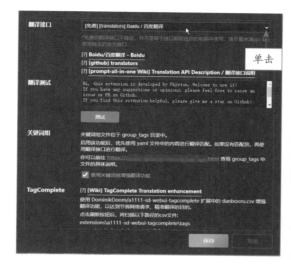

图 5-66　单击"翻译接口"右侧的下拉按钮　　　　图 5-67　选择相应的翻译接口

▶ 专家指点

　　prompt-all-in-one 是一款非常实用的 AI 绘画提示词插件，它的主要功能是改善正向提示词和反向提示词输入框的用户体验。通过这个插件，用户可以更加直观和高效地输入提示词，从而获得更好的 AI 绘画生成结果。

　　prompt-all-in-one 会自动将提示词翻译成相应的语言，并输入到提示词输入框中。用户也可以直接在提示词输入框中输入中文词汇，然后单击🌐按钮即可将其一键翻译为英文。

STEP 06　在插件右侧的"请输入新关键词"文本框中，输入相应的中文提示词，按 Enter 键确认即可自动翻译成英文并输入到提示词输入框中，如图 5-68 所示。

图 5-68　自动翻译中文提示词

STEP 07 使用相同的操作方法，输入并翻译相应的反向提示词，主要用于避免生成低画质的图像，如图 5-69 所示。

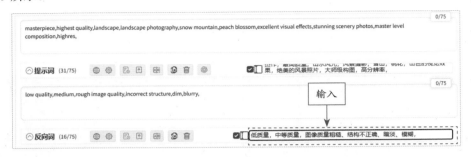

图 5-69　输入并翻译相应的反向提示词

STEP 08 对生成参数进行适当调整，主要选择一种写实风格的"采样方法"，并将图像尺寸调整为横图，横图能够更好地展示风景，如图 5-70 所示。

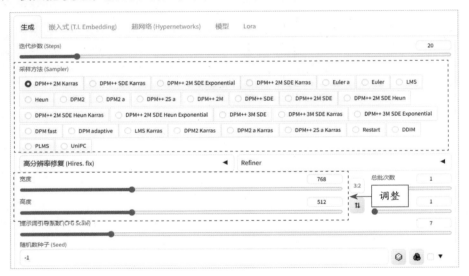

图 5-70　调整相应参数

STEP 09 单击"生成"按钮，即可生成相应的图像，能够完美还原中文提示词中描述的画面内容，效果如图 5-62 所示。

5.3.2　插件 2：优化与修复人脸

ADetailer 插件可以自动修复低分辨率下生成的人物全身照的脸部，轻松解决低显存下人物脸部变形的问题。本案例通过使用 ADetailer 插件修复人脸后，不仅脸部细节更丰富，而且眼睛的视线方向也更加准确，人脸修复前后效果对比如图 5-71 所示。

扫码看视频

图 5-71　人脸修复前后效果对比

下面介绍使用 ADetailer 插件优化与修复人脸的操作方法。

STEP 01 进入"文生图"页面，选择一个写实类的大模型，输入相应的提示词，指定生成图像的画面内容，如图 5-72 所示。

图 5-72　输入相应的提示词

STEP 02 对生成参数进行适当调整，主要选择一种写实风格的采样方法，并将图像尺寸设置为竖图，能够更好地展示人物的身体部分，单击"生成"按钮，即可生成相应的图像，效果如图 5-73 所示。

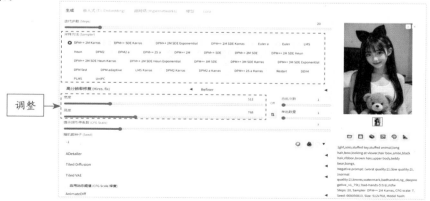

图 5-73　生成相应的图像效果

STEP 03 在页面下方固定图像的 Seed 值，展开 ADetailer 选项组，选中"启用 After Detailer"复选框，开启人脸修复功能，设置"After Detailer 模型"为 mediapipe_face_full，该模型可用于修复真实人脸，如图 5-74 所示。

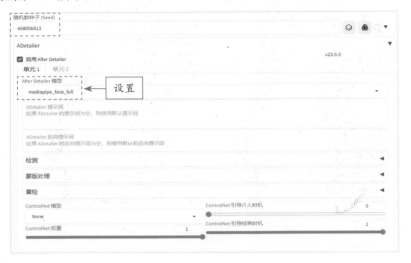

图 5-74　设置相应参数

STEP 04 再次单击"生成"按钮，对图像中的人脸进行修复处理。可以看到修复后的人脸细节更加丰富，图片效果如图 5-71 右图所示。

5.3.3　插件 3：精准控制物体颜色

扫码看视频

在进行 AI 绘画时，如果提示词中设定的颜色过多，很容易出现不同物体之间颜色混乱的情况，使用 Cutoff 插件能很好地帮助用户解决这个问题，让画面中物体的颜色不会相互干扰，图片效果对比如图 5-75 所示。

图 5-75　图片效果对比

▶ 专家指点

　　用户可以在 GitHub 网站上直接下载所需的插件包。首先，打开插件所在的 GitHub 网址，然后根据以下步骤下载并安装插件。

STEP 01 找到并单击"Clone or download（克隆或下载）"按钮，选择"Download ZIP（下载压缩包）"选项。

STEP 02 等待下载完成后，解压缩下载的 ZIP 文件。

STEP 03 将解压缩后的文件内容放入 Stable Diffusion 根目录下的 extensions 扩展文件夹中。

STEP 04 重启 WebUI，此时应该可以看到已成功安装该插件。

　　下面介绍使用 Cutoff 插件精准控制物体颜色的操作方法。

STEP 01 进入"文生图"页面，选择一个写实类的大模型，输入相应的提示词，指定生成图像的画面内容，如图 5-76 所示。

图 5-76　输入相应的提示词

STEP 02 对生成参数进行适当设置，主要选择一种写实风格的"采样方法"，并将图像尺寸设置为竖图，能够更好地展示人物的身体部分，单击"生成"按钮，即可生成相应的图像，效果如图 5-77 所示。

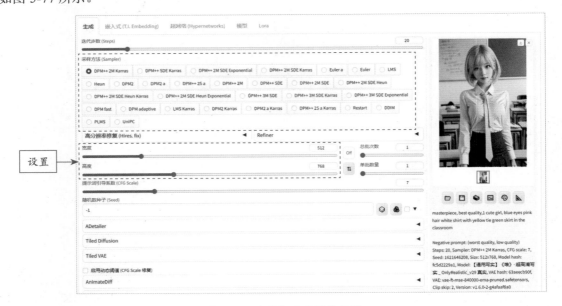

图 5-77　生成相应的图像效果

STEP 03 在页面下方展开 Cutoff 选项区，选中"启用"复选框，并在"分隔目标提示词（逗号分隔）"文本框内输入需要分隔的词语，如图 5-78 所示。

图 5-78　输入需要分隔的词语

STEP 04 再次单击"生成"按钮，即可生成相应的图像，并精准地控制不同物体的颜色，图片效果如图 5-75 右图所示。

> **专家指点**
>
> 　　除了在"扩展"页面的"可下载"选项卡中直接搜索插件外，用户还可以切换至"从网址安装"选项卡，在"扩展的 git（一种代码托管技术）仓库网址"文本框中输入插件的下载链接，单击"安装"按钮，如图 5-79 所示，即可快速安装插件。
>
>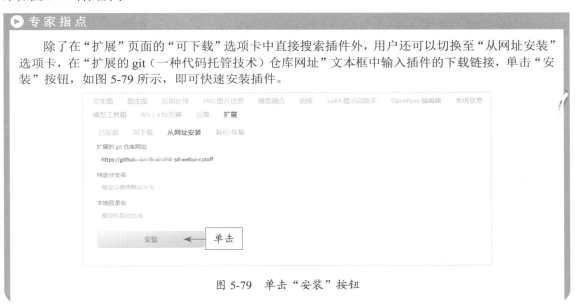
>
> 图 5-79　单击"安装"按钮

5.3.4　插件 4：无损放大图像

扫码看视频

由于 GAN（Generative Adversarial Networks，生成对抗网络）技术没有绘制图像细节的能力，在直接放大图片时会导致图片质量下降，表现为图片细节的缺失。然而，扩散网络可以有效地重绘这些丢失的细节。

当使用 GAN 技术放大图片时，应尽可能提供原始的高清图片。但此方法是通过消除噪点来提高图片清晰度，可能会同时消除图片的细节和质感。若想无损放大图片，需要提高生成图像的分辨率，但这可能会超出显存的承受范围。因此，如何在提高图片质量与使用显存之间找到平衡，成了一个难题。

为解决这一问题，可以尝试将图片分解为多个子块，然后分别对每个子块进行渲染和放大，最后再将它们组合在一起。实现这一操作需要使用一个名为 Ultimate SD Upscale 的脚本插件。

Ultimate SD Upscale 是一款非常受欢迎的图像放大插件，比较适合低显存的计算机，它会先将图像分割为一个个小的图块后再分别放大，然后拼合在一起，能够实现图像的无损放大，让图像细节更加丰富、清晰，图片效果如图 5-80 所示。

图 5-80　图片效果展示

下面介绍使用 Ultimate SD Upscale 插件无损放大图像的操作方法。

STEP 01 进入"图生图"页面，选择原图生成时使用的大模型，并输入与原图一致的提示词，如图 5-81 所示。

图 5-81　输入与原图一致的提示词

STEP 02 在页面下方的"图生图"选项卡中，上传一张原图，如图 5-82 所示。

STEP 03 设置与原图一致的"采样方法"和"重绘尺寸"，同时"迭代步数"设置为 30、"重绘幅度"设置为 0.25（参数过大会导致图像失真），对图像的生成参数进行调整，让新图的效果与原图基本一致，如图 5-83 所示。

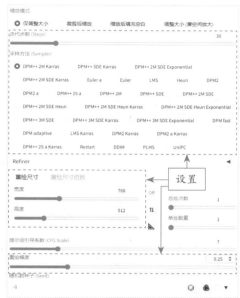

图 5-82　上传一张原图　　　　　　　　　图 5-83　设置相应参数

STEP 04 在页面底部的"脚本"列表框中选择 Ultimate SD Upscale 选项，展开相应的插件选项组，Target size type（目标尺寸类型）设置为 Scale from image size（从图像大小缩放），"放大算法"设置为 ESRGAN_4x（逼真写实类），"类型"设置为 Chess（分块），可以减少图像伪影，如图 5-84 所示。

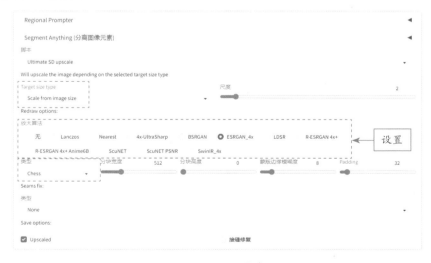

图 5-84　设置插件参数

STEP 05 单击"生成"按钮，即可生成相应的图像，并将图像放大为原来的 2 倍，同时保持画面元素基本不变，效果如图 5-80 所示。

5.3.5　插件 5：固定图像横纵比

扫码看视频

使用 Aspect Ratio Helper 插件可以固定 AI 生成图像的横纵比，如 2 ∶ 3、16 ∶ 9 等，该插件会自动将数值调整为对应宽度和高度的比例。当用户锁定宽度和高度的比例后，调整其中一项数值的时候，另一项也会随之变化，非常方便，可以直接生成相应尺寸的图像，效果如图 5-85 所示。

图 5-85　图像效果展示

下面介绍使用 Aspect Ratio Helper 插件固定图像横纵比的操作方法。

STEP 01 进入"文生图"页面，选择一个写实类的大模型，输入相应的提示词，指定生成图像的画面内容，如图 5-86 所示。

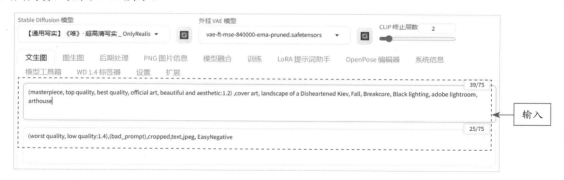

图 5-86　输入相应提示词

STEP 02 对生成参数进行适当设置，主要选择一种写实风格的"采样方法"，并将"宽度"设置为 1024，单击右侧的 Off（关）按钮，在弹出的列表框中选择 16 ∶ 9 选项，如图 5-87 所示，系统会自动调整"高度"参数值，使图像尺寸比例变为 16 ∶ 9。

图 5-87　选择 16 : 9 选项

STEP 03 单击"生成"按钮，即可生成横纵比固定为 16 : 9 的图像，效果如图 5-85 所示。

第6章

综合案例：《唯美二次元动漫》

章前知识导读

在数字艺术和绘画领域中，Stable Diffusion 正逐渐成为创作者的"新宠"。本章将通过一个实操案例，探讨如何使用 Stable Diffusion 来绘制《唯美二次元动漫》作品，并展示其在实际创作过程中的实用性。

新手重点索引

- 《唯美二次元动漫》效果展示
- 《唯美二次元动漫》制作流程

效果图片欣赏

6.1 《唯美二次元动漫》效果展示

　　本案例主要介绍《唯美二次元动漫》作品的绘制技巧，二次元动漫是一种独特的艺术形式，它结合了立体造型和动漫人物的特点，创造出极具视觉冲击力的艺术作品，不仅在游戏、动画、漫画等娱乐领域备受欢迎，还广泛应用于广告、教育、设计等领域。本案例的最终效果如图 6-1 所示。

图 6-1　《唯美二次元动漫》的最终效果展示

6.2 《唯美二次元动漫》制作流程

二次元动漫是艺术创作中的一道亮丽风景线，它不仅赋予创作者无限的想象空间，还给人们带来了无限的乐趣。本节主要介绍使用 Stable Diffusion 制作《唯美二次元动漫》的基本流程，并深入探讨绘制二次元动漫画作的相关技巧。

6.2.1 流程 1：输入提示词并选择合适的大模型

下面主要通过输入提示词，然后使用 v1.5 版的 2.5D（2.5Dimension，一种介于二维和三维之间的视觉效果）动画类大模型来看提示词的生成效果，具体操作方法如下。

扫码看视频

STEP 01 进入"文生图"页面，选择一个 2.5D 动画类的大模型，用于控制画面的整体风格，如图 6-2 所示。

图 6-2 选择一个 2.5D 动画类的大模型

STEP 02 输入相应的提示词，用于控制 AI 绘画时的主体内容和细节元素，如图 6-3 所示。

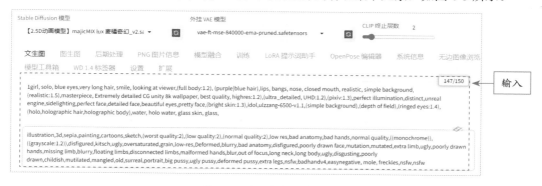

图 6-3 输入相应的提示词

STEP 03 适当设置生成参数，单击"生成"按钮，生成相应的图像效果，如图 6-4 所示，画面只是简单还原了提示词的内容，距离最终效果还有些不足。

图 6-4　生成相应的图像效果

6.2.2　流程 2：更换为 SDXL 1.0 版本的大模型

扫码看视频

接下来更换为 SDXL 1.0 版本（简称为 XL）的大模型，该模型在图像生成功能方面取得了重大进步，能够生成令人惊叹的视觉效果和逼真的美感，具体操作方法如下。

STEP 01 在"Stable Diffusion 模型"列表框中，选择相应的 SDXL 1.0 版本的大模型，如图 6-5 所示，选择该大模型专用的 VAE 模型。

图 6-5　选择相应的 SDXL 1.0 版本的大模型

STEP 02 设置"采样方法"为 DPM++ 2M Karras、"宽度"为 768、"高度"为 1024，其他参数保持默认不变，单击"生成"按钮，生成相应的图像效果，如图 6-6 所示。SDXL 1.0 大模型的图像都是基于 1024×1024 的分辨率训练的，因此生成的图像尺寸会更大，但提示词中描述的元素仍然不够完整。

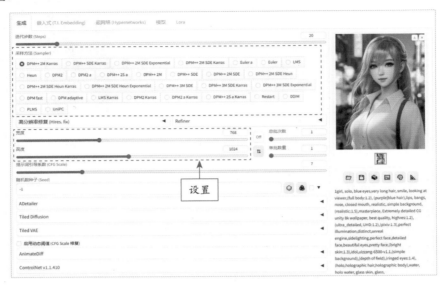

图 6-6　生成相应的图像效果

6.2.3　流程 3：添加专用的 Lora 模型

接下来在提示词中添加一个专用的 Lora 模型，主要用于增强 2.5D 动漫的风格和加深纹理质感，具体操作方法如下。

STEP 01 切换至 Lora 选项卡，在相应 Lora 模型的右上角单击 Edit metadata（编辑元数据）按钮，如图 6-7 所示。

扫码看视频

图 6-7　单击 Edit metadata 按钮

STEP 02 执行上一步操作后，在弹出的网页窗口中会显示 Lora 模型的元数据详情，在"Stable Diffusion 版本"列表框中选择 SDXL 选项，如图 6-8 所示，这样做是为了让 SDXL 1.0 版本的大模型能够识别到 Lora 模型。

图 6-8　选择 SDXL 选项

▶ 专家指点

　　在 SDXL 1.0 版本的大模型中，用户可以通过在正向提示词和反向提示词中添加关键词来控制画面样式，也可以安装 StyleSelectorXL 扩展插件，将相同的预设样式列表添加到 WebUI 中，从而能够轻松选择和应用不同的样式。

STEP 03 执行上一步操作后，单击该窗口底部的"保存"按钮，如图 6-9 所示，即可保存设置。

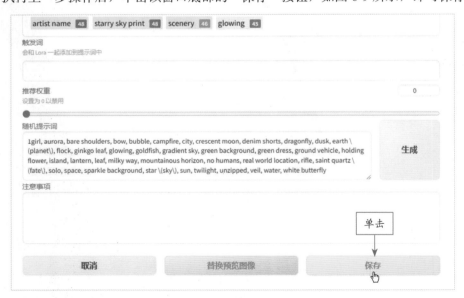

图 6-9　单击"保存"按钮

▶ **专家指点**

这一步要在 v1.5 版本的大模型下操作，操作完成后再切换为 SDXL 1.0 版本的大模型。因为安装 Lora 模型后，直接在 SDXL 1.0 版本的大模型中是看不到 Lora 模型的。

STEP 04 将 Lora 模型添加到提示词输入框中，其"权重值"设置为 0.8，适当降低 Lora 模型对 AI 的影响，如图 6-10 所示。

图 6-10　添加 Lora 模型并设置其权重值

STEP 05 保持生成参数不变，单击"生成"按钮，生成相应的图像，画面变得更加唯美，效果如图 6-11 所示。

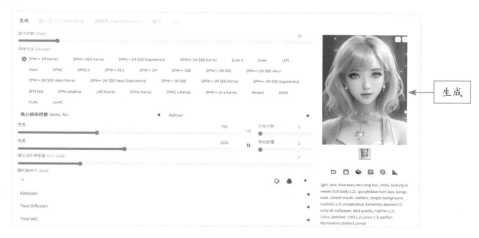

图 6-11　生成相应的图像效果

6.2.4　流程 4：使用图生图功能控图

由于 SDXL 1.0 版本的大模型无法直接使用 ControlNet 插件，因此下面使用图生图功能来控制画面构图，具体操作方法如下。

STEP 01 在图像生成区域下方，单击"发送图像和生成参数到图生图选项卡"按钮，如图 6-12 所示。

扫码看视频

1girl, solo, blue eyes,very long hair, smile, looking at viewer,(full body:1.2), (purple|blue hair), ...listic, simple background,
(realistic:1.5),masterpiece, Extremely detailed CG unity 8k wallpaper, best quality, highres:1.2),(ultra_detailed, UHD:1.2),(pixiv:1.3),perfect illumination,distinct,unreal
engine,sidelighting,perfect face,detailed face,beautiful eyes,pretty face,(bright skin:1.3),idol,ulzzang-6500-v1.1,(simple background),(depth of field),(ringed eyes:1.4),
(holo,holographic hair,holographic body),water, holo water, glass skin, glass, <lora:万享特效_(修罗万象)__ (修罗万象) :0.8>

图 6-12　单击"发送图像和生成参数到图生图选项卡"按钮

STEP 02 执行上一步操作后，进入"图生图"页面，同时会将图像和生成参数发送过来，在"图生图"选项卡中，单击图像右上角的"清除"按钮 ×，如图 6-13 所示，删除该图像。

STEP 03 执行上一步操作后，单击"点击上传"链接，重新上传一张原图，作为图生图的参考图像，如图 6-14 所示。

图 6-13　单击"清除"按钮

图 6-14　重新上传一张原图

STEP 04 在页面下方的"重绘尺寸"选项卡中，单击▲按钮，即可读取原图的宽度和高度参数，并自动设置"重绘尺寸"，如图 6-15 所示。

图 6-15　单击相应按钮

STEP 05 选择相应的"采样方法"，并将"重绘幅度"设置为 0.6，让新图更接近于原图，单击"生成"按钮，即可生成相应的图像，能够有效控制画面构图，效果如图 6-16 所示。

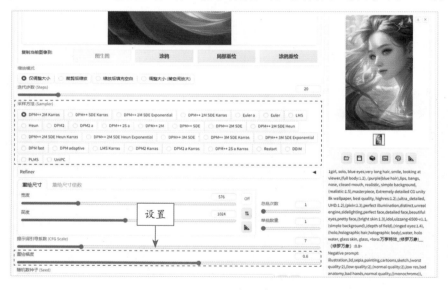

图 6-16　设置相应参数

▶ **专家指点**

如果用户希望在 Stable Difusion 中生成高清分辨率的图片，只需要在文生图功能中设置较大的宽度和高度，或者在图生图功能中设置较大的重绘尺寸。

然而，增加图像分辨率需要更多的显存。例如，1024×1024 分辨率的图像通常需要 10GB 及以上的可用显存。如果显存不足，可能会导致生成图片失败。即使显卡的显存足够，生成更高分辨率的图像所需的时间也会更长。此时，可以使用高分辨率修复功能，使用该功能可以大大降低生成高分辨率图像所需的显存要求。

6.2.5　流程 5：生成并放大图像效果

最后利用 Stable Diffusion 的"后期处理"功能快速放大图像，可以直接将生成的效果图放大 2 倍，让图像细节更加清晰，具体操作方法如下。

STEP 01 在图像生成区域下方，单击"发送图像和生成参数到后期处理选项卡"按钮 ，如图 6-17 所示。

图 6-17　单击相应按钮

STEP 02 执行上一步操作后，即可将图像发送到"后期处理"页面的"单张图片"选项卡中，"缩放比例"设置为 2，"放大算法 1"设置为 R-ESRGAN 4x+ Anime6B，单击"生成"按钮，即可将效果图放大 2 倍，如图 6-18 所示。

图 6-18　将效果图放大 2 倍

▶ 专家指点

　　R-ESRGAN 4x+ Anime6B 是一种适合二次元图像的放大算法，能够保持更多的细节和更高的清晰度，并且对于线条和色彩的呈现也更加精准。

第7章
综合案例：《小清新人像写真》

章前知识导读

　　Stable Diffusion 这种 AI 创作方式打破了传统摄影技术的局限，为摄影者带来了新的视觉体验。本章将通过《小清新人像写真》作品的案例实战，探讨如何使用 Stable Diffusion 进行 AI 摄影创作。

新手重点索引

　　■ 《小清新人像写真》效果展示
　　■ 《小清新人像写真》制作流程

效果图片欣赏

7.1 《小清新人像写真》效果展示

　　本案例主要介绍《小清新人像写真》作品的生成技巧，画面中的人物效果非常逼真，不仅人物的神态、动作十分自然，而且皮肤的纹理细节栩栩如生，不再是过去那种让人一眼就能看穿的"AI脸"。本案例的最终效果如图7-1所示。

图7-1　《小清新人像写真》的最终效果展示

7.2 《小清新人像写真》制作流程

本节主要介绍《小清新人像写真》画作的制作流程。通过本节的内容，读者将了解到 Stable Diffusion 在 AI 摄影领域的应用和潜力，并能掌握使用该技术进行摄影创作的基本方法和技巧。

7.2.1 流程 1：使用写实类大模型

下面先选择一个写实类的大模型，然后输入相应提示词，来看看提示词的初步生成效果，具体操作方法如下。

扫码看视频

STEP 01 进入"文生图"页面，选择一个写实类的大模型，主要用于生成人像照片，如图 7-2 所示。

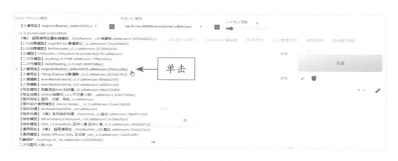

图 7-2　选择一个写实类的大模型

STEP 02 输入相应的提示词，包括通用起手式、画面主体和背景描述等，如图 7-3 所示。

图 7-3　输入相应的提示词

STEP 03 适当设置生成参数，单击"生成"按钮，生成相应的图像效果，如图 7-4 所示。画面中的人物具有较强的真实感，但细节不够丰富。

图 7-4　生成相应的图像效果

7.2.2　流程 2：添加摄影类提示词

扫码看视频

下面主要通过添加更多的摄影类提示词，提升 AI 生成的图像画质效果，具体操作方法如下。

STEP 01 在"文生图"页面中，在正向提示词后面添加一些摄影类提示词，如图 7-5 所示。

图 7-5　添加摄影类提示词

> ▶ **专家指点**
>
> 添加部分摄影类提示词作用如下。
> （1）wide-angle lens（广角镜头）：该提示词可以引导 AI 模拟广角镜头的拍摄效果，以获得更广阔的视野和更强的透视效果。
> （2）lens flare（镜头光斑）：该提示词可以引导 AI 在画面中无意引入镜片光斑，以增加图片的艺术感和视觉效果。
> （3）ultra high definition（超高清）：该提示词可以引导 AI 尽可能生成更细腻、更清晰的图片效果。
> （4）best quality（最佳质量）：该提示词可以引导 AI 尽可能提高照片的质量，以获得更好的显示效果。
> （5）ultra-realistic and ultra-detail（极致逼真、极致细节）：该提示词可以引导 AI 尽可能追求超写实和超细节的表现，以获得更令人震撼、更真实的图片效果。

STEP 02 其他参数保持默认设置即可，单击"生成"按钮，生成相应的图像，可以提高了图像的质量和表现力，效果如图 7-6 所示。

图 7-6　生成相应的图像效果

7.2.3　流程 3：添加人像类 Lora 模型

扫码看视频

　　下面主要在提示词中添加一个改变人物发型效果的 Lora 模型，并叠加一个生成"小清新画风"的 Lora 模型，让画面效果显得更加清新、自然，具体操作方法如下。

STEP 01 切换至 Lora 选项卡，选择"发型 1_v1.0"Lora 模型，如图 7-7 所示，该 Lora 模型能够生成特定的女生发型效果。

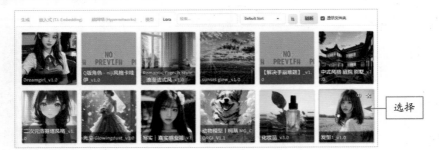

图 7-7　选择"发型 1_v1.0"Lora 模型

STEP 02 执行操作后，即可将该 Lora 模型添加到提示词输入框中。将 Lora 模型的权重值设置为 0.8，适当降低 Lora 模型对 AI 的影响，如图 7-8 所示。

图 7-8　添加 Lora 模型并设置其权重值

STEP 03 其他生成参数保持不变，单击"生成"按钮，生成相应的图像，可以改变人物的发型，效果如图 7-9 所示。

图 7-9　生成相应的图像效果

STEP 04 继续添加一个"小清新画风_v1.0"Lora 模型，将其权重值设置为 0.8，再次单击"生成"按钮，即可生成具有清新感的图像，效果见第 188 页的插图。

7.2.4　流程 4：用 OpenPose 固定表情

扫码看视频

下面使用 ControlNet 中的 OpenPose 来固定人物的表情保持不变，具体操作方法如下。

STEP 01 展开 ControlNet 选项组，上传一张原图，分别选中"启用"复选框、"完美像素模式"复选框、"允许预览"复选框，如图 7-10 所示。

图 7-10　分别选中相应的复选框

STEP 02 在 ControlNet 选项组下方，选中"OpenPose（姿态）"单选按钮，并分别选择 openpose_faceonly（OpenPose 仅脸部）预处理器和相应的模型，如图 7-11 所示，该模型可以通过姿势识别实现对人体动作的精准控制。

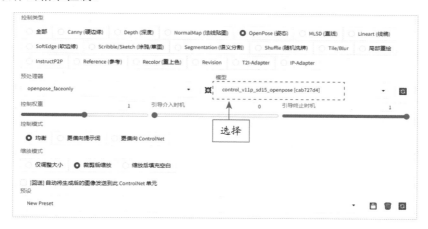

图 7-11　分别选择相应的"预处理器"和"模型"

STEP 03 单击 Run Preprocessor（运行预处理器）按钮 ✖，即可检测出人物的面部表情，并将原图中的人物脸型和五官用点描出来，如图 7-12 所示。

▶ **专家指点**

　　当用户使用 Lora 模型生成照片时，如果进一步使用 ControlNet 来控制表情，可能会导致生成的照片与 Lora 模型生成的人物不太相似，这是因为 ControlNet 对人物五官和脸型的生成产生了影响。因此，在同时使用 Lora 模型和 ControlNet 插件时，需要注意这种可能性的发生。

图 7-12　将原图中的人物脸型和五官用点描出来

STEP 04　单击"生成"按钮，生成相应的图像，即可改变画面背景和人物主体，同时使人物的表情与原图基本保持一致。原图与新图的效果对比如图 7-13 所示。

图 7-13　原图与新图的效果对比

7.2.5　流程 5：生成不同的表情效果

除了使用 ControlNet 插件控制人物表情外，用户还可以使用 ADetailer 插件来快速批量生成同一人物的不同表情，具体操作方法如下。

扫码看视频

STEP 01　在 ControlNet 选项组中，取消选中"启用"复选框，停用 ControlNet 插件，如图 7-14 所示。

图 7-14　取消选中"启用"复选框

189

STEP 02 单击"生成"按钮，生成相应的图像，效果如图 7-15 所示。

STEP 03 复制该图片的 Seed 值，将其输入"随机数种子"文本框内，种子值保持不变，如图 7-16 所示。

图 7-15　生成相应的图像效果　　　　　　图 7-16　种子值保持不变

STEP 04 展开 ADetailer 选项组，选中"启用 After Detailer"复选框，在"After Detailer 模型"列表框中选择 mediapipe_face_full 模型，该模型适用于写实人像的面部修复，并在下方输入相应的表情提示词，如 smile（微笑），如图 7-17 所示。

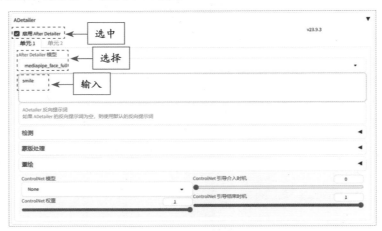

图 7-17　设置相应参数

STEP 05 单击"生成"按钮，生成微笑的人物表情。重新输入其他相应的表情提示词，还可以生成其他的人物表情，同时画面其他部分保持不变，效果如图 7-18 所示。注意，如果某些表情提示词的出图效果不佳，用户可以更换大模型后再尝试。

图 7-18 同一人物生成不同表情的效果

▶ 专家指点

ADetailer（全称为 After Detailer）插件除了能改善人物脸部外，还能对人物的手部和全身进行优化。在"After Detailer 模型"列表框中，不同模型的适用对象如下。

- face_yolov8n.pt 模型：适用于 2D/ 真实人脸。
- face_yolov8s.pt 模型：适用于 2D/ 真实人脸。
- hand_yolov8n.pt 模型：适用于 2D/ 真实人手。
- person_yolov8n-seg.pt 模型：适用于 2D/ 真实人物全身。
- person_yolov8s-seg.pt 模型：适用于 2D/ 真实人物全身。
- mediapipe_face_full 模型：适用于真实人脸。
- mediapipe_face_short 模型：适用于真实人脸。
- mediapipe_face_mesh 模型：适用于真实人脸。

扫码看视频

7.2.6　流程6：更换画面的背景效果

下面使用 ControlNet 中的 Reference（参考）来更换人物的背景，同时保持人物形象不变，具体操作方法如下。

STEP 01 展开 ControlNet 选项组，上传一张原图，分别选中"启用"复选框、"完美像素模式"复选框、"允许预览"复选框，如图 7-19 所示。

图 7-19　分别选中相应的复选框

STEP 02 在 ControlNet 选项组下方，选中"Reference（参考）"单选按钮，并选择 reference_only（仅参考输入图）预处理器，如图 7-20 所示，这个预处理器的最大作用就是通过一张参考图，可以延续生成一系列相似的图，这样就为我们给同一个角色生成系列图提供了可能。

图 7-20　选择相应的"预处理器"

> ▶ **专家指点**
>
> 大家可以将 Reference 理解为"高仿"，它的作用就是根据一张图片生成另一张看起来非常相似的图片。需要注意的是，使用 Reference 控图时一定要选择"均衡"控制模型，这样才能让图片最大限度地保持一致。
>
> 另外，Reference 还有一个参数是 Style Fidelity（only for "Balanced" mode）[样式保真度（仅适用于"平衡"模式）]，这个参数的值越小，生成的图片就越接近所使用的大模型风格；而这个参数的值越大，生成的图片就越接近参考图的风格。参数值为 0.5 是 Style Fidelity 的一个平衡值，可以兼顾参考图的风格和图片质量。

STEP 03 单击 Run Preprocessor 按钮 ✖，即可对原图进行预处理，用于固定人物的脸型。适当修改提示词，如添加一些背景环境的提示词，单击"生成"按钮，即可生成不同背景下的系列人物图片，效果如图 7-21 所示。

图 7-21　生成不同背景下的系列人物图片效果

7.2.7　流程 7：修复人物的脸部效果

在生成人物图片时，建议大家使用 ADetailer 插件来修复人物脸部，具体操作方法如下。

STEP 01 在"文生图"页面中，根据上一例的生成效果对提示词进行适当调整，让 AI 生成的图像效果能够更精美一些，如图 7-22 所示。

扫码看视频

图 7-22　对提示词进行适当调整

STEP 02 展开 ADetailer 选项组，选中"启用 After Detailer"复选框，启用该插件，不需要输入提示词，如图 7-23 所示。

图 7-23　选中"启用 After Detailer"复选框

STEP 03 其他生成参数保持不变，单击"生成"按钮，即可生成相应的图像。在图像下方单击"发送图像和生成参数到图生图选项卡"按钮，如图 7-24 所示。

图 7-24　单击"发送图像和生成参数到图生图选项卡"按钮

STEP 04 执行操作后，进入"图生图"页面，同时会将图像和生成参数发送过来，在页面下方的"采样方法"选项组中选择 DPM++ 2M Karras 选项，"提示词引导系数（CFG Scale）"设置为 7，"重绘幅度"设置为 0.5，让出图效果尽量与原图保持一致，如图 7-25 所示。

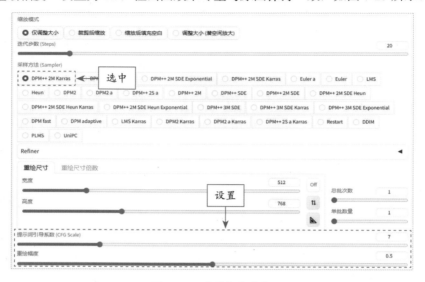

图 7-25　设置相应参数

STEP 05 再次展开 ADetailer 选项组，选中"启用 After Detailer"复选框，启用该插件，在"After Detailer 模型"列表框中选择 face_yolov8s.pt 模型，如图 7-26 所示，用于确保在图生图中放大图像时保持人物脸部不会变形。

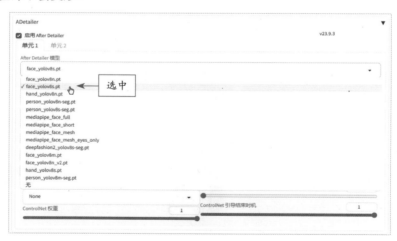

图 7-26　选择 face_yolov8s.pt 模型

7.2.8　流程 8：用 Tiled Diffusion 放大图像

Tiled Diffusion 插件的放大原理与文生图中的高分辨率修复功能相似，其本质是重绘。然而，它们之间的区别在于 Tiled Diffusion 采用分区块绘制的方式，这样可以显著降低显存的压力。另外，通过结合 Tiled VAE 插件，可以进一步

扫码看视频

196

降低显存的消耗。下面通过 Tiled Diffusion 插件来放大图像，生成清晰的图像效果，具体操作方法如下。

STEP 01 展开 Tiled Diffusion 选项组，选中"启用 Tiled Diffusion"复选框，开启 Tiled Diffusion 插件，选择 4x-UltraSharp 放大算法，这个算法的响应速度快、放大效果好，将"放大倍数"设置为 2，表示将原图放大 2 倍，如图 7-27 所示。

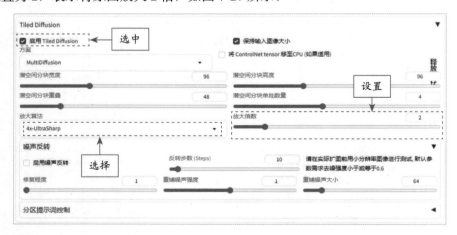

图 7-27　设置相应参数

STEP 02 单击"生成"按钮，即可高清放大图像，从图像下方的生成参数中可以看到，Size（大小）已经变成了 1024×1536 的分辨率，刚好是原图分辨率（512×768）的 2 倍，效果如图 7-28 所示。

图 7-28　放大图像效果

第8章

综合案例：《化妆品包装设计》

章 前 知 识 导 读

　　独特而引人注目的产品包装设计，对于提高产品的吸引力和竞争力至关重要。Stable Diffusion 作为一种先进的 AI 技术，为产品包装设计提供了无限的可能，可以帮助设计师在短时间内创作出独具特色的产品包装效果。

新 手 重 点 索 引

- 🎬 《化妆品包装设计》效果展示
- 🎬 《化妆品包装设计》制作流程

效 果 图 片 欣 赏

通过 Stable Diffusion 这一神奇的 AI 绘画技术，可让化妆品包装设计不再局限于传统的设计方式，而是可以突破传统的界限，勇敢尝试全新的设计元素，令人仿佛能够触摸到其中的质感，并清晰地看到其颜色。本案例的最终效果如图 8-1 所示。

图 8-1 《化妆品包装设计》的最终效果展示

8.2 《化妆品包装设计》制作流程

本节将深入探讨如何运用 Stable Diffusion 来制作令人印象深刻的化妆品包装效果，以实现更具吸引力的品牌宣传效果，同时为产品注入更多生命力。

8.2.1 流程 1：选择合适的大模型

下面主要通过输入提示词，然后使用写实类的大模型观看提示词的生成效果，具体操作方法如下。

扫码看视频

STEP 01 进入"文生图"页面，选择一个写实类的大模型，可以增强 AI 出图效果的真实感，如图 8-2 所示。

图 8-2　选择一个写实类的大模型

STEP 02 输入相应的画面主体提示词，如 cosmetics（化妆品），如图 8-3 所示。

图 8-3　输入相应的画面主题提示词

STEP 03 在"采样方法"选项组中选择 DPM++ SDE Karras 选项，其他参数保持默认设置即可，单击"生成"按钮，生成相应的图像。AI 只是简单画出了一些化妆品元素，同时还出现了不必要的人物模特，效果如图 8-4 所示。

图 8-4　生成相应的图像效果

▶ 专家指点

　　DPM++ SDE Karras 采样器对步数的要求相对较少，且在提示词引导系数值过小的情况下画面变化会较小。

8.2.2　流程 2：添加细节提示词

　　下面主要通过添加更多的细节提示词和反向提示词，让画面元素更加丰富，同时提升画质效果，具体操作方法如下。

扫码看视频

STEP 01　在"文生图"页面中，输入相应的提示词，添加一些细节元素，如 water（水）、blue background（蓝色背景）等，同时指定画面的风格，如 commercial photography（商业摄影），如图 8-5 所示。

图 8-5　输入相应的提示词

STEP 02　其他参数保持默认设置即可，单击"生成"按钮，生成相应的图像效果，如图 8-6 所示，可以看到画面变得更加干净，同时也出现了一些水元素的点缀。

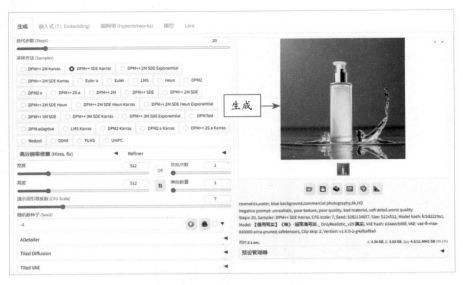

图 8-6　生成相应的图像效果

▶ 专家指点

　　水元素通常被视为清新、纯净的象征，在化妆品包装效果图中添加一些水元素，可以让画面显得更加清新、自然，使消费者更容易产生好感。同时，水元素具有流动性、透明性和反射性等特点，这些特点可以增加图像的视觉吸引力，使消费者更容易被画面所吸引。因此，在使用 Stable Diffusion 来制作化妆品包装效果时，可以添加这类提示词来提升画面效果的精美度。

8.2.3　流程 3：添加专用 Lora 模型

扫码看视频

　　接下来在提示词中添加一个专用的 Lora 模型，主要用于增强化妆品的包装设计感，具体操作方法如下。

STEP 01 切换至 Lora 选项卡，选择"化妆品 _v3.0"Lora 模型，如图 8-7 所示，该 Lora 模型专门用于化妆品的产品包装设计。

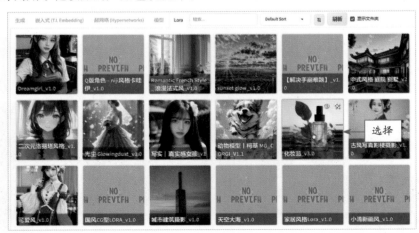

图 8-7　选择"化妆品 _v3.0"Lora 模型

STEP 02 执行操作后，将 Lora 模型添加到提示词输入框中，其权重值设置为 0.6，适当降低 Lora 模型对 AI 的影响，如图 8-8 所示。

图 8-8　添加 Lora 模型并设置权重值

STEP 03 单击"生成"按钮，生成相应的图像。可见画面中的化妆品包装效果更加突出，如图 8-9 所示。

图 8-9　生成相应的图像效果

8.2.4　流程 4：开启高分辨率修复功能

接下来开启"高分辨率修复"功能，让 Stable Diffusion 对图像进行扩大，直接生成像素较高的图像，具体操作方法如下。

扫码看视频

STEP 01 展开"高分辨率修复"选项组，选择 Latent 放大算法，"放大倍数"默认设置为 2，也就是说可以放大 2 倍，"宽度"设置为 512，"高度"设置为 768，将画面尺寸调整为竖图，如图 8-10 所示。

205

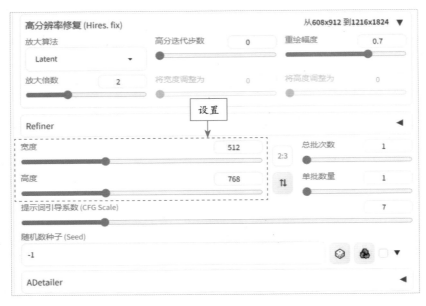

图 8-10　设置相应参数

STEP 02　单击两次"生成"按钮，即可同时生成两张图片，画面细节会比之前生成图片的效果
更清晰，如图 8-11 所示。

图 8-11　生成两张图片效果

▶ 专家指点

　　在默认情况下，使用文生图功能绘图时，在高分辨率的参数设置下可能会生成较为模糊的图像。然而，如果使用"高分辨率修复"功能，系统会首先按照指定的尺寸生成一张图片，然后通过先进的放大算法将图片分辨率扩大，以生成高清大图效果。

　　其中，Latent 是一种基于潜在空间的放大算法，可以在潜在空间中对图像进行缩放。它在文本到图像生成的采样步骤之后完成，与图像到图像的转换过程相似。

　　Latent 放大算法不会像其他升级器（如 ESRGAN）那样可能引入升级伪影（upscaling artifacts）。因为它的原理与 Stable Diffusion 一致，都是使用相同的解码器生成图像，从而确保图像风格的一致性。Latent 放大算法的不足之处在于，它会在一定程度上改变图像，具体取决于重绘幅度（也可以称为去噪强度）的值。通常，重绘幅度值必须大于 0.5，否则会得到模糊的图像。

　　通常情况下，当重绘幅度值为 0.5 时，会导致颜色和光影发生显著改变；而当该值为 0.75 时，可能会对图像的结构和人物姿态造成明显的改变。因此，通过调整重绘幅度值，可以实现对图像不同程度的再创作。

8.2.5　流程 5：使用 Depth 控制光影

扫码看视频

　　最后使用 ControlNet 插件中的 Depth 控制类型，有效地控制画面的光影，进而提升图像的视觉效果，具体操作方法如下。

STEP 01 展开 ControlNet 选项组，上传一张原图，分别选中"启用"复选框、"完美像素模式"复选框、"允许预览"复选框，如图 8-12 所示。

图 8-12　分别选中相应的复选框

STEP 02 在 ControlNet 选项组下方，选中"Depth（深度）"单选按钮，并分别选择 depth_zoe（ZoE 深度图估算）预处理器和相应的模型，如图 8-13 所示。

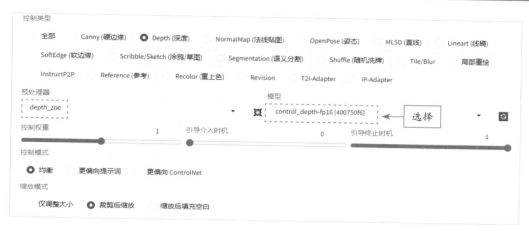

图 8-13 分别选择相应的"预处理器"和"模型"

▶ 专家指点

　　ZoE 是一种独特的深度信息计算方法，它通过将度量深度估计和相对深度估计相结合，以精确估算图像中每个像素的深度信息。此技术具有出色的深度信息计算能力，可以将已有的深度信息数据集有效地应用于新的目标数据集上，从而实现零样本（Zero-shot）深度估算。

STEP 03 单击 Run Preprocessor（运行预处理器）按钮 ✖，即可生成深度图。可以比较完美地还原场景中的景深关系，如图 8-14 所示。

图 8-14 生成深度图

STEP 04 单击"生成"按钮，即可生成相应的图像。可以通过 Depth 来控制画面中物体投射阴影的方式、光的方向以及景深关系，效果如图 8-15 所示。

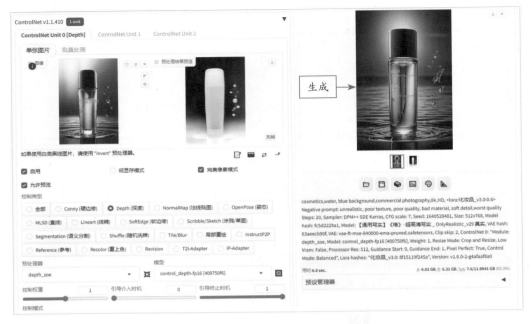

图 8-15　生成相应的图像效果

第9章

综合案例：《时尚女装电商模特》

章前知识导读

　　Stable Diffusion 作为一种极具潜力的 AI 绘画技术，可广泛应用于电商模特制作领域。本章将通过《时尚女装电商模特》作品的实战案例，详细介绍如何使用 Stable Diffusion 来制作电商模特效果。

新手重点索引

　　■ 《时尚女装电商模特》效果展示
　　■ 《时尚女装电商模特》制作流程

效果图片欣赏

9.1 《时尚女装电商模特》效果展示

　　在当今的电子商务领域中，精美的产品图片和模特形象往往是吸引消费者眼球的关键因素。然而，传统的模特拍摄往往需要高昂的成本和烦琐的流程，对于许多中小型企业来说，这是一项巨大的负担。通过 Stable Diffusion 深度学习和图像生成技术，可以快速生成高质量的模特图片，大大降低了拍摄成本和时间。本案例的最终效果如图 9-1 所示。

图 9-1　《时尚女装电商模特》的最终效果展示

9.2　《时尚女装电商模特》制作流程

　　通过调整提示词和模型，Stable Diffusion 可以生成不同风格、造型和环境下的电商模特图像，满足不同产品的个性化展示需求。本节主要介绍"时尚女装模特"的制作流程，并展示 Stable Diffusion 在电商模特制作过程中的具体应用及其效果。

9.2.1　流程 1：制作骨骼姿势图

扫码看视频

　　使用 OpenPose 编辑器可以制作人物的骨骼姿势图，用于固定 Stable Diffusion 生成的人物姿势，使其能够更好地配合服装的展现需求，具体操作方法如下。

STEP 01　进入 Stable Diffusion 中的"扩展"页面，切换至"可下载"选项卡，单击"加载扩展列表"按钮，加载扩展列表，在搜索框中输入 OpenPose，在搜索结果中单击"sd-webui-openpose-editor 后期编辑"插件右侧的"安装"按钮，如图 9-2 所示，即可进行安装。

图 9-2　单击"安装"按钮

> ▶ 专家指点
>
> 　　在 AI 绘画软件 Stable Diffusion 中，控制人物姿势的方法有很多种，其中最简单的方法是在提示词中加入动作提示词，如 sit（坐）、walk（走）和 run（跑）等。然而，如果想要更精确地控制人物的姿势，就会变得比较困难，主要原因如下。
>
> 　　首先，用语言精确描述一个姿势是相当困难的。
>
> 　　其次，Stable Diffusion 生成的人物姿势具有一定的随机性，就像抽"盲盒"一样。
>
> 　　这时，OpenPose 编辑器就能很好地解决这个问题。它不仅允许用户自定义调整人物的骨骼姿势，而且还可以通过图片识别人物姿势，从而实现精准控制人物姿势的效果。通过 OpenPose 编辑器，用户可以更准确地调整人物的姿势、方向、动作等，使人物形象更加生动、逼真。

STEP 02 插件安装完成后，切换至"已安装"选项卡，单击"应用更改并重启"按钮，如图 9-3 所示，重启 WebUI。

图 9-3　单击"应用更改并重启"按钮

STEP 03 重启 WebUI 后，进入"OpenPose 编辑器"页面，单击"添加"按钮，添加一个骨骼姿势，如图 9-4 所示。

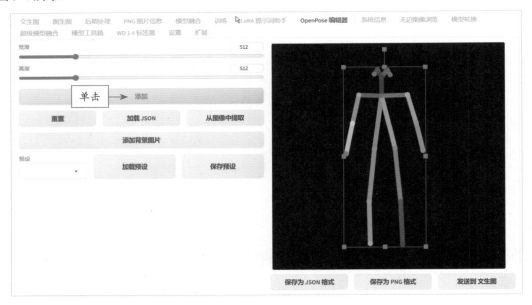

图 9-4　添加一个骨骼姿势

STEP 04 单击"添加背景图片"按钮，添加一张人物姿势的参考图，根据参考图调整骨骼姿势的大小、位置和形态，单击"保存为 PNG 格式"按钮，如图 9-5 所示，保存制作好的骨骼姿势图。

图 9-5　单击"保存为 PNG 格式"按钮

9.2.2　流程 2：选择合适的模型

下面主要使用一个写实类的大模型，并配合生成人物专用的 Lora 模型，同时添加需要生成的画面提示词，具体操作方法如下。

STEP 01 进入"图生图"页面，选择一个写实类的大模型，这个大模型生成的图像具有较强的真实感，如图 9-6 所示。

扫码看视频

图 9-6　选择一个写实类的大模型

STEP 02 输入相应的正向提示词和反向提示词，如图 9-7 所示。（注意，正向提示词只需描述需要绘制的图像部分即可，无需描述服装。）

图 9-7　输入相应的正向提示词和反向提示词

STEP 03 切换至 Lora 选项卡，选择"可爱风_v1.0"Lora 模型，可以让生成的模特与服装的气质更搭，如图 9-8 所示。

图 9-8　选择"可爱风_v1.0"Lora 模型

STEP 04 执行上一步操作后，即可将该 Lora 模型添加到提示词输入框中，并将其权重值设置为 0.6，适当降低 Lora 模型对 AI 的影响，如图 9-9 所示。

图 9-9　添加并设置 Lora 模型的权重值

9.2.3　流程 3：设置图生图生成参数

接下来通过上传重绘蒙版功能添加服装原图和蒙版，确定要重绘的蒙版内容，并设置相应的生成参数，具体操作方法如下。

扫码看视频

STEP 01 在"图生图"页面中切换至"上传重绘蒙版"选项卡，分别上传相应的服装原图和蒙版，如图 9-10 所示。

图 9-10　上传相应的服装原图和蒙版

STEP 02 在"蒙版模式"选项组中选择"重绘蒙版内容"选项，设置"迭代步数"为 25、"采样方法"为 DPM++ 2M Karras、"重绘幅度"为 0.95，让图片产生更大的变化，同时将重绘尺寸设置为与原图一致，如图 9-11 所示。

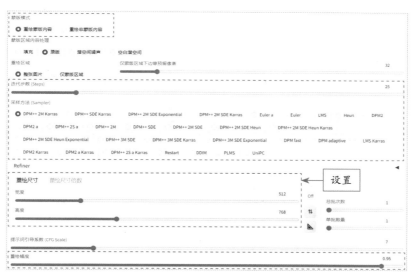

图 9-11　设置相应参数

9.2.4　流程 4：使用 ControlNet 控图

接下来使用 ControlNet 固定服装的样式并控制人物姿势，具体操作方法如下。

STEP 01 展开 ControlNet 选项组，上传一张原图，分别选中"启用"复选框、"完美像素模式"复选框、"允许预览"复选框，如图 9-12 所示。

扫码看视频

图 9-12　分别选中相应的复选框

STEP 02 在 ControlNet 选项组下方，选中"Canny（硬边缘）"单选按钮，并分别选择 canny 预处理器和相应的模型，如图 9-13 所示，用于检测图像中的硬边缘。

图 9-13　选择相应的"预处理器"和"模型"

STEP 03 单击 Run Preprocessor（运行预处理器）按钮 ✖，即可提取出服装图像中的线条，生成相应的线稿图，用于保持服装的样式不变，如图 9-14 所示。

图 9-14　生成相应的线稿图

▶ 专家指点

　　需要注意的是，在"图生图"页面中使用 ControlNet 时，需要先选中"上传独立的控制图像"复选框，才能上传原图，否则看不到图像的上传入口。

STEP 04 切换至 ControlNet Unit 1 选项卡，上传人物的骨骼姿势图，选中"启用"和"完美像素模式"复选框，如图 9-15 所示。

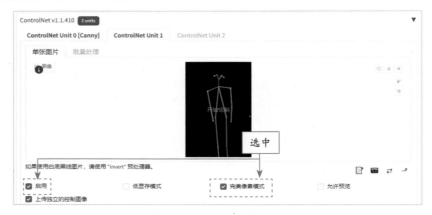

图 9-15　选中相应的复选框

STEP 05 在 ControlNet Unit 1 选项卡下方，"模型"设置为 control_openpose-fp16 [9ca67cc5]，用于固定人物的动作姿势，如图 9-16 所示。

图 9-16　设置"模型"参数

9.2.5　流程 5：修复模特的脸部

　　接下来使用 ADetailer 对人脸进行修复，避免人脸出现变形。具体操作方法如下。

STEP 01 展开 ADetailer 选项组，选中"启用 After Detailer"复选框，启用该插件，"After Detailer 模型"设置为 mediapipe_face_full，该模型可以用于修复真实人脸，如图 9-17 所示。

扫码看视频

图 9-17　设置"After Detailer 模型"参数

STEP 02 "总批次数"设置为 2，单击"生成"按钮，即可生成两张模特图片，效果如图 9-18 所示，图中的服装基本是没有被 AI 修改过的，最接近产品本身，如果用户对此效果比较满意，也可以直接作为产品图片来使用。

图 9-18　生成两张模特图片效果

9.2.6　流程 6：融合图像效果

扫码看视频

如果用户对图片的光影不够满意，或者觉得服装和环境的融合不够完美，还可以将做好的效果图上传到图生图中，使用 Depth 来辅助控图，提升服装与环境的融合效果，具体操作方法如下。

STEP 01 生成满意的效果图后，在图像下方单击"发送图像和生成参数到图生图选项卡"按钮 ，如图 9-19 所示。

图 9-19　单击"发送图像和生成参数到图生图选项卡"按钮

STEP 02 执行操作后，即可将图像发送到"图生图"选项卡中，如图 9-20 所示。

图 9-20　将图像发送到"图生图"选项卡中

STEP 03 与此同时,生成该图像的参数也会自动发送过来,"总批次数"设置为1,"重绘幅度"设置为 0.35,让新图效果尽量与原图保持一致,其他参数保持不变,如图 9-21 所示。

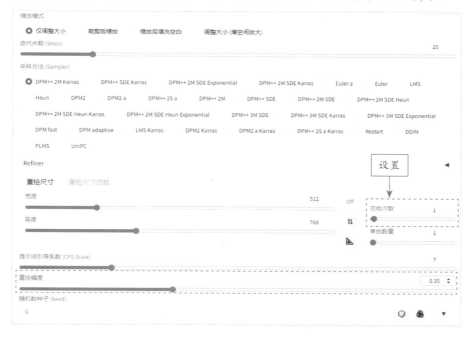

图 9-21 设置相应参数

▶ 专家指点

　　在将图像发送到"图生图"选项卡时,用户在"上传重绘蒙版"选项卡中所做的所有设置都会同步发送过来,其中也包括 ControlNet 的设置。因此,这里用户需要先关闭 ControlNet 插件,再重新进行设置。

STEP 04 展开 ControlNet 选项组,再次上传前面生成的效果图,分别选中"启用"复选框、"完美像素模式"复选框、"允许预览"复选框,如图 9-22 所示。

图 9-22 分别选中相应的复选框

STEP 05 在 ControlNet 选项组下方，选中"Depth（深度）"单选按钮，并分别选择 depth_midas（MiDas 深度图估算）预处理器和相应的模型，如图 9-23 所示，该模型能够通过控制空间距离来更好地表达较大纵深图像的景深关系，适合有大量近景内容的画面，有助于突出近景的细节。

图 9-23　选择相应的"预处理器"和"模型"

STEP 06 单击 Run Preprocessor（运行预处理器）按钮 ，即可生成深度图。可以比较完美地还原场景中的景深关系，如图 9-24 所示。

图 9-24　生成深度图

STEP 07 单击"生成"按钮，即可生成相应的图像，画面中的服装、环境和人物等元素会变得更加融合，但服装样式会有轻微变化，图像效果如图 9-1 所示。